AF602698

DU LAIT

ET

DE SES EMPLOIS.

Ce mémoire a été présenté au Congrès de Rennes, le 30 septembre 1844.

La question posée par l'Association Bretonne était ainsi conçue :

Il sera décerné une médaille de bronze et 250 fr. au meilleur mémoire sur les procédés à suivre dans une laiterie, pour en tirer le meilleur parti possible, soit par la vente du lait, soit par l'engraissement des veaux, soit en fabriquant du beurre, soit en fabriquant du fromage.

Exposé du régime des vaches. — Comparaison des quatre genres de spéculation dont il vient d'être parlé.

Détails complets et satisfaisants sur les dépenses et les recettes. — La tenue, la construction et les dispositions de la laiterie. — La fabrication adoptée.

Ce mémoire, qui est extrait de mon *Cours de Zoologie Agricole*, a remporté le prix proposé. Divers motifs m'obligent à ne point retarder davantage son impression.

Grand-Jouan, le 26 juillet 1845.

Tout exemplaire est signé de la main de l'auteur,

DU LAIT

ET

DE SES EMPLOIS

EN BRETAGNE

PAR

GUSTAVE HEUZÉ,

CULTIVATEUR, SOUS-DIRECTEUR ET PROFESSEUR DE L'INSTITUT AGRICOLE DE GRAND-JOUAN.

Ea erunt ex radicibus trinis, et quæ ipse in meis fundis colendo animadverti, et quæ legi, et quæ a peritis audii. VARRO, lib. I.

MÉMOIRE COURONNÉ

PAR L'ASSOCIATION BRETONNE, EN 1844.

NANTES.

IMPRIMERIE WILLIAM BUSSEUIL,

RUE SANTEUIL, 8.

1845

INTRODUCTION.

L'exploitation qui comporte la vacherie et la laiterie, que nous voulons examiner, est encore dans la période de fertilité fourragère, quoiqu'il existe sur la ferme plusieurs champs arrivés dans la période céréale.

Les terres de cette ferme sont de nature argilo-siliceuse, et il y a quarante ans elles étaient sous lande. La couche inférieure de ce terrain est tantôt argileuse, tantôt schisteuse. L'exploitation a été cédée à un fermier éclairé moyennant une redevance en argent s'élevant à 30 fr. par hectare, et un bail de dix-huit ans. On a fait des travaux tels, que bien peu de champs ne peuvent plus être considérés comme trop humides en hiver, ni trop brûlants en été.

Le système de culture en usage se partage en deux classes, suivant la texture, les propriétés physiques du sol. Les parties moins élevées qui sont peu étendues, et qui presque toutes reposent sur un fond plus imperméable et plus superficiel, sont cultivées ainsi qu'il suit :

1° Rutabagas, choux, pommes de terre, navets ;

2° Sarrasin ;

3° Froment ;

4° Avoine ou seigle en vert, sarrazin, etc. ;

5° Froment d'hiver.

Les champs plus élevés, par conséquent schisteux ou à sous-sol schisteux, se laissent travailler avec plus de facilité, à cause de la profondeur de la couche arable qui est satisfaisante. Sur ces parties on a adopté l'assolement suivant :

1° Betterave, choux pommés ;
2° Avoine de printemps ;
3° Trèfle ;
4° Trèfle pâturé ;
5° Avoine d'hiver ;
6° Trèfle incarnat, vesce d'hiver, seigle ;
7° Vesce de printemps, pois gris, sarrasin, maïs ;
8° Froment.

Ainsi donc la ferme qui possède 34 hectares en terres labourables, dont 14 en situation basse et 20 en situation moyenne, aura chaque année en céréales et fourrages l'étendue suivante :

1° Assolement auquel sont consacrés 14 hectares :

4 hectares sarrasin, comme plante commerciale ;
4 — froment d'hiver ;
2 — avoine d'hiver ;
2 — fourrages racines ;
2 — fourrages verts.

14

2° Assolement auquel sont consacrés 20 hectares :

2 hect. 50 froment d'hiver ;
2 — 50 avoine d'hiver ;
2 — 50 avoine de printemps ;
10 — » fourrages verts ;
2 — 50 racines.

20 hect. »

Ce qui donne pour résultats :

17 hect. 50 en céréales ;
16 — 50 en fourrage.

Les prairies naturelles ont une étendue de 12 hectares et elles sont productives. Celles des parties basses sont irriguées.

Le produit moyen annuel s'élève à 3,000 kilog. à l'hectare.

Grand-Jouan, le 26 septembre 1844.

CHAPITRE PREMIER.

DU LAIT.

§ 1er. *Nature.* — *Mulsion ou traite.* — *Altération.*

Le lait est un liquide blanc, secrété par les glandes mammaires de la vache. Ce liquide est opaque et tient en dissolution du caséum, du suc de lait, des matières extratives, des sels et de l'acide lactique libre. Sa densité moyenne est plus grande que l'eau; elle est terme moyen de 1,036.

La secrétion du lait, qui commence immédiatement après le part ou vêlage, disparaît vers le septième ou le huitième mois de la gestation; et elle est d'autant plus abondante que les animaux sont adultes, c'est-à-dire, elle augmente jusqu'à cette époque à chaque parturition, se maintient pendant quelques années et diminue avec l'âge.

L'abondance de la secrétion est due à deux causes : 1° aux qualités naturelles; 2° à la nourriture et aux soins. Quelques semaines après le part, le lait arrive au maximum de sa production, mais il est plus aqueux, quoique ayant une saveur plus douce et plus sucrée; après cette époque, il diminue, mais il augmente en principes butireux.

Le premier lait qui suit le part est épais, jaune foncé, assez mucilagineux, et donne peu, pour ne pas dire point de crême. On le désigne sous le nom de *colostrum*. Ce n'est ordinairement que du dix ou quinzième jour qu'il peut être mélangé avec le lait ordinaire et être considéré comme un aliment très sain; dès ce moment il continue à augmenter de qualité jusqu'au six, sept ou huitième mois, époque où il a acquis toute son entière perfection. Ainsi, on a constaté par expérience que chaque kilogramme de lait d'une vache qui venait de mettre bas, donnait en beurre :

30 grammes 20 à 2 mois;
37 — » à 4 mois;
44 — 60 à 8 mois.

Non-seulement le régime alimentaire, la salubrité des étables, les soins hygiéniques jouent un rôle important dans l'abondance et la qualité du lait, mais l'époque et la période de la traite influent aussi sur les deux résultats.

Plus les traites sont fréquentes, quelles que soient les vertus naturelles des animaux, plus le lait est abondant et moins il est chargé de matières butireuses. Toutefois, il faut environ huit heures pour que le lait puisse s'élaborer convenablement dans l'organe mammaire. Une vache qu'on ne trait qu'une fois par vingt-quatre heures, donne un lait dans lequel on peut constater un huitième de matières butireuses; tandis que si, durant ce même laps de temps, on trait deux et trois fois, la matière butireuse n'existe plus que dans la proportion d'un douzième.

Le lait obtenu par la traite du soir a généralement moins de qualité que celui du matin, à cause de la mobilité, c'est-à-dire des mouvements de locomotion et d'une élaboration moins complète à l'intérieur des canaux lactifères.

La *mulsion* est une opération délicate; elle exige de l'attention et de la prévoyance, de la bonté et de la douceur, et surtout une très grande propreté de la part de la vachère.

Avant de saisir les trayons de la vache, la fille de basse-cour doit exécuter le lavage des mamelons. Cette opération a pour but de détacher toutes les impuretés qui pourraient, lors de la traite, se mêler au lait, de rafermir les organes; elle s'exécute au moyen d'une certaine quantité d'eau déposée préalablement dans le seau à traire.

La mulsion s'opère en saisissant le plus haut possible un trayon dans chaque main. La vachère fait alors glisser de haut en bas alternativement chacune de ses mains d'une manière caressante, sans interruption. La force de pression et celle de traction, nécessaires pour épancher le lait, ne sont pas considérables. Si on presse fortement, on fait naître sur les organes une douleur sensible, et la vache peut retenir son lait. Il est nécessaire aussi d'agir avec régularité et d'incliner un peu vers soi les trayons, afin que le liquide tombe aisément dans le vase que l'on maintient un peu oblique entre les genoux; et si, pendant que la traite s'opère, les organes sécréteurs deviennent secs, on les humecte avec du lait, afin de favoriser les mouvements des mains. D'abord la vachère trait les mamelles d'un côté, et lorsque les trayons n'émettent que très peu de lait, que le jet formé par le liquide et la pression coule avec interruption, on les abandonne pour traire du côte opposé. Ceux-ci sont aussi abandonnés, comme les premiers; lorsque le jet est interrompu, on revient aux premiers, et ainsi de suite, jusqu'à ce qu'on ait obtenu, pour ainsi dire, la dernière goutte de lait. Il est bien utile d'opérer la traite d'une manière complète. L'observation constate chaque jour une quantité de lait plus sensible à la traite suivante.

Pendant la mulsion, le lait descend des mamelles dans les

trayons, et dès-lors la secrétion continue, car on ne peut admettre que six et même huit litres de lait, quantité qu'il n'est pas rare d'obtenir en une seule traite, résident dans la cavité des canaux galactophores.

Quant à la force du jet, elle n'influe nullement sur la qualité lactifère ; elle peut être très faible ou très prononcée et couler abondamment, et cesser au bout de quelques minutes. En général, elle résulte de deux causes : 1° la force de pression ; 2° le diamètre des orifices des mamelons.

Il est des vaches qui abandonnent leur lait avec difficulté, comme il en est d'autres qui se tètent. En général, c'est en apportant beaucoup de douceur, de bonté, en déposant devant la vache une ration alimentaire qu'on peut exécuter la traite dans cette occurence. Les vaches qui retiennent leur lait sont parfois mues par des sentiments naturels, et cela n'est pas rare chez les vaches auxquelles on a enlevé leur veau. Alors, il faut attendre pour tenter la traite que les mamelles soient engorgées et qu'elles soient très douloureuses.

Quant aux secondes, à celles qui consomment leur lait, il est peu de précaution à prendre; il faut les vendre ou les livrer à la consommation : on ne peut estimer de tels animaux.

Le lait obtenu par la mulsion a pu être altéré au sein des mamelles ou des organes lactifères par le fait de la nourriture, et cette altération morbide s'aperçoit à la couleur, à l'odeur et à la saveur.

Lorsqu'une vache a reçu pendant plusieurs jours des plantes aromatiques appartenant à la famille des labiées et des ombellifères, elle donne un lait qui a une odeur *vive et aromatique* qui résulte des huiles essentielles qui sont secrétées par l'intermédiaire du lait en se fixant à celui-ci. Le lait acquiert un goût *amer* très prononcé lorsque les vaches consomment du foin seulement, ou beaucoup de paille d'avoine, d'orge ou de seigle, ou lorsqu'elles reçoivent pour nourriture unique des feuilles d'artichaut. Il n'est *pas potable* lorsque les animaux pâturent sur des prairies infectées d'ache ou livèche.

Le lait perd sa couleur blanche opaque, lorsque les vaches reçoivent pour nourriture la buglosse, la rhomberge ou mercuriale annuelle, la renouée, le sarrasin, et acquiert une légère *teinte bleuâtre* quelques heures après la mulsion. Le lait est *coloré en rouge* lorsque les animaux ont digéré du caille-lait.

§ 2. *Production du lait. — Influence de l'âge. — De la race. — Du repos. — De l'exercice. — De la propreté. — Des soins hygièniques.*

La production du lait est difficile à déterminer à cause de sa variabilité. Elle résulte des propriétés naturelles des individus, qualité que l'homme ne peut modifier en aucune manière. Quelles que soient les fréquentes tractions exercées sur les trayons lors de la mulsion, quelque fortes que puissent être les propriétés alibiles de la nourriture et celles affaiblissantes de la domesticité, la quotité du produit en lait n'est point modifiée d'une manière sensible ; elle reste dans les limites que la nature lui avait fixées. Ainsi, on ne peut changer une mauvaise vache en bonne, mais on peut faire produire à cette bonne ou mauvaise vache tout ce qu'elle peut produire.

Toutes choses égales d'ailleurs, l'âge, la race, la taille, le sommeil et l'exercice, la propreté, les soins hygiéniques, la litière, influent d'une manière heureuse ou défavorable sur la secrétion de ce fluide animal.

1° L'influence de l'âge sur la production du lait est trop évidente pour que le cultivateur la perde de vue ; avec l'âge, toutes les qualités, quelles qu'elles soient, s'affaiblissent, perdent de leur puissance, et si la main de l'homme, par la mulsion, ne plongeait point cette utile secrétion, celle-ci s'anéantirait quelques heures après le sevrage comme cela a lieu chez les animaux que l'homme n'a point subjugués à la domesticité.

Le jeune âge s'allie mal avec une abondante production de lait, à moins que la nature n'ait établi des exceptions. Ce n'est ordinairement que lorsque l'animal est arrivé à l'âge adulte, lorsque sa croissance, son développement sont terminés, c'est-à-dire après le quatrième et parfois même le cinquième vélage, que les vaisseaux lactifères, les organes galactophores sont dans toute leur puissance de production. Malheureusement cette abondance ne persiste pas pour ne disparaître qu'avec la vie ; elle perd bientôt de son énergie, et il arrive une époque où l'animal ne peut séjourner plus longtemps à l'étable avec profit, comme producteur de lait.

2° On ne peut non plus méconnaître la supériorité des races les unes sur les autres. Il existe en France de très bonnes races laitières, comme il en est d'autres qui possèdent cette faculté à un faible degré. Mais il ne suffit pas seulement de connaître les propriétés lactifères des races, il est indispensable de savoir que tous les animaux qui constituent une race spéciale, ne possèdent pas ces qualités au même degré. Ainsi telle vache appartenant à la race bretonne peut être éminemment laitière, tandis que telle autre, ayant pour type la même souche, peut être considérée comme mauvaise.

La nature a-t-elle donné à l'homme la puissance de déterminer chez ces animaux les propriétés lactifières qu'ils possèdent ? Nous ne le pensons : les expériences, les observations n'ont pas jusqu'à ce jour révélé à la pratique un caractère matériel, un signe organique qui indiquât d'une manière invariable la quantité de lait que l'on doit espérer de telle ou telle vache. Mais si les caractères manquent pour indiquer avec une précision mathématique, un nombre représentant la production lactifière quelques jours après le vélage, chiffre qui ne peut être le résultat du hasard, il faut reconnaître qu'on peut par l'habitude, l'expérience, apprécier, ou, pour mieux dire, distinguer une bonne vache d'une mauvaise. Ici est la véritable difficulté, l'écueil contre lequel vient parfois échouer le cultivateur néophite. Cet obstacle est plus difficile à vaincre qu'on ne le croit généralement ; c'est qu'il faut avoir vieilli dans la profession agricole, pour reconnaître avec certitude, à la conformation générale, à des caractères généraux, à un ensemble qu'on ne saurait définir, aux signes revélés par M. Guénon, les bonnes où les mauvaises qualités lactifières d'une vache.

Quoiqu'il en soit et quelques certaines que puissent être les propriétés générales d'une vache laitière, il est indispensable de connaître les variétés qui descendent d'un type que l'on connait et les lieux qu'elles habitent. Ainsi les vaches bretonnes désignées sous les noms de vaches du Léon, vaches rennaises, sont supérieures à celles des autres parties de cette province. Mais quoique les vaches de la contrée d'Auray, de Vannes, soient en géneral très lactifères, supériorité qui résulte de causes que l'on ne connait qu'imparfaitement, il ne faut pas conclure que toutes donnent la même quantité de lait quoique placées dans les mêmes conditions et soumises au même régime. Parmi elles, quelques-unes sont regardées comme de mauvais animaux, quant à la production du lait.

3° La *taille* n'a d'influence sur la production que suivant le climat, la nature et la fertilité du sol ; ainsi une taille élevée est nécessaire en Normandie, en Hollande, dans le Bas-Poitou, aux environ de Nantes, de Rennes, etc. ; mais une petite stature doit être l'apanage des vaches d'Auray, de Guer, de Bain, de Moncontour, etc., où le sol est plus sec et moins fertile. Il résulte donc de ces deux principes généraux *qu'une petite taille* chez les premiers animaux, doit être considérée comme une imperfection, et qu'une stature élevée s'allierait mal avec les secondes, parce que loin d'être considérée comme un bien, elle serait regardée comme un défaut. Aussi constate-t-on chaque jour que les animaux de moyenne taille, sur le sol de l'ancienne Armorique, donnent, toutes choses égales d'ailleurs, une quantité de lait proportionnellement plus grande.

4° Le *repos* est aussi nécessaire à l'élaboration du lait que le défaut complet d'exercice lui est nuisible. Toutefois, il faut distinguer dans le repos, le sommeil et la privation complète de mouvements ; c'est-à-dire, la stabulation permanente et absolue. Celle-ci est incompatible avec l'état normal et amoindrit la secrétion du lait ; elle affaiblit la vie et fait prédominer les vices. Le sommeil, au contraire, est une condition essentielle de la vie ; c'est une des lois d'existence pour tous les êtres composant le règne organique animal. Quant à l'exercice, il fortifie la vie, active la circulation du sang, entretien la santé, et chose plus extraordinaire, il sert puissamment la secrétion du lait. Loin de moi toutefois, de comprendre sous cette acception l'exercice musculaire, le travail ; celui-ci est incompatible avec la propriété lactifère. L'exercice, tel que je le comprends, est la liberté accordée aux animaux durant quelques heures, chaque jour, d'errer au sein d'une prairie ou d'un pâturage.

5° La propreté est une condition non moins impérieuse de succès. Lorsque les animaux vivent au sein d'une malpropreté apparente, la secrétion du lait est moins abondante et leur bien-être considérablement diminué.

Ainsi, abandonnées à elles-mêmes, sans autre attention que

de leur administrer les aliments qui leur sont utiles, les vaches, par le fait de l'incurie, de la paresse, peuvent être affectées de maladies cutanées qui nuisent toujours à l'exercice de toutes les fonctions vitales, mais principalement aux transpirations. Tout cultivateur doit être aujourd'hui pleinement convaincu des effets généraux que produisent les soins, le pansage, appliqués par une main habile : c'est que les effets physiologiques ont pour résultats la circulation du sang, l'absence d'un prurit incommode, une digestion plus normale et surtout une augmentation sensible dans la production du lait qui devient de meilleure qualité.

6° Les *soins hygiéniques* ont des effets aussi sensibles que les soins et le pansage. Toutes les fois que les vaches sont confinées dans un local étroit, non aéré, où l'air est surchargé de miasmes, de principes délétères, on doit les considérer comme affectées d'affections spéciales, de maladies qui peuvent devenir avec le temps des maladies atoniques, contagieuses par hérédité, mortelles, etc., etc.

Il est donc nécessaire, surtout dans une étable où vivent plusieurs animaux, de ne point laisser long-temps séjourner les fumiers, de favoriser l'écoulement des urines hors le bâtiment, de pratiquer un nombre d'ouvertures tel que la ventilation soit parfaitement établie, que l'air n'y soit point trop humide ni la température trop élevée.

7° La *litière*, surtout dans une vacherie, doit être abondante, sans cependant être superflue, car alors elle devient onéreuse. Ce qu'il importe d'obtenir, c'est que les excréments soient recouverts d'une certaine quantité de paille ou autre litière avant chaque repas. Lorsque la litière est renouvelée plusieurs fois par jour, les animaux se couchent plus à l'aise pour ruminer, et les excrétions sont moins en contact avec la partie cutanée, mais principalement les mamelles; aussi résulte-t-il d'une litière bien faite, de celle qui est en rapport avec la quantité et la fluidité des excréréments, que les animaux existent sans cesse dans un état de propreté satisfaisante.

§ 3. *Quotité de lait par an et par jour.* — ***Base d'appréciation.***

Toutes ces considérations que l'expérience sanctionne chaque jour, démontrent qu'on ne peut, sans suivre une fausse direction, admettre un chiffre représentatif de la production du lait sans qu'il ait été confirmé par un résultat pratique, puisqu'il sera toujours modifié ou, pour mieux dire, déterminé par diverses circonstances conditionnelles. Néanmoins, il est des positions où le cultivateur doit fixer ses idées d'une manière générale avant de se livrer à une industrie dépendante d'une vacherie, c'est-à-dire, où il lui importe de connaître un chiffre représentant la production moyenne du lait par jour et par année.

Si la race bretonne avait une taille aussi élevée que la race normande ou hollandaise, ou les qualités lactifères des races suisses, la production moyenne du lait par jour pourrait être portée à un chiffre remarquable ; mais si les vaches qui ont pour patrie la Bretagne, donnent en général un produit en lait moins considérable que telle au telle race étrangère, il faut reconnaître que son produit est satisfaisant par rapport à sa taille, aux conditions au sein desquelles elle existe, à la matière butireuse que le lait renferme. Sans doute les animaux qui errent une partie de l'année sur la lande ou au milieu de tristes paturages, laissent à désirer ; mais le faible produit qu'ils donnent et que l'on ne saurait élever à plus de 1,200 litres par année, n'est point le partage des animaux vivant sur une exploitation bien cultivée, abondamment pourvue de substances fourragères. Ces animaux qui ont une conformation généralement meilleure, qui ont été parfois croisés avec des races étrangères à la province, mais remarquables sous tous les rapports, qui sont l'objet de soins hygiéniques appropriés à leur condition d'existence, à leur âge, à leur état normal, peuvent donner un produit en lait par année et par tête de 1,920 litres. Ce chiffre paraîtra peut-être très faible aux yeux des uns et trop élevé pour les autres. Les cultivateurs qui n'entretiennent que quelques animaux sur une exploitation très fertile, obtiennent, il est vrai, un produit plus élevé ; mais d'autres au contraire placés dans des conditions arides, éprouvent des difficultés à atteindre le chiffre 1,500 litres. C'est en consultant les quotités obtenues dans les diverses contrées de la France, de l'Allemagne, etc., que l'on reconnaît la véracité du chiffre que nous adoptons comme représentant la production annuelle en lait des meilleures vaches de la Bretagne. Ainsi les extrêmes de ces productions sont d'une part 950 et de l'autre 2,550 litres ; et cependant la moyenne n'est que 1840 litres par an. Voici la marche que nous avons suivie dans la détermination du chiffre que nous adoptons dans nos calculs. Nous avons pris au hasard une vache ayant vêlé le 15 octobre.

PRODUCTIONS JOURNALIÈRES.	PÉRIODE LACTAIRE.	NOMBRE de jours DE LA PÉRIODE.	PRODUCTIONS pendant LA PÉRIODE.
10 Litres.	1er nov. au 30 janvier.	60 Jours.	600 Litres.
8 —	1er fév. au 30 avril...	90 —	700 —
6 —	1er mai au 30 juin...	60 —	360 —
4 —	Juillet............	30 —	120 —
3 —	1er août au 10 sept...	40 —	120 —
		280 Jours.	1,920 Litres.

En examinant ces chiffres, on voit que les 1920 litres ont été produits pendant 280 jours, ce qui donne 6 litres 85 par jour. Pour arriver à ce résultat, nous avons admis que la vache ne donnait aucun produit pendant les deux derniers mois de la gestation, et nous n'avons point coté le lait donné pendant les quinze jours qui suivent le part et que l'on ne peut pas considérer comme très alimentaire. On s'étonnera, sans nul doute, que nous n'accordions que 10 litres de lait comme maximum de la production, alors même qu'il existe dans notre province des animaux qui fournissent jusqu'à 12 et même 15 litres pendant les six premières semaines qui suivent le part. Mais si l'on considère les chiffres que nous avons posés comme résultat moyen obtenu au sein d'une vacherie renfermant 12 têtes, déduction faite des improvidités, on reconnaîtra que les chiffres que nous adoptons comme base concordent avec les résultats constatés par une pratique éclairée et judicieuse.

§ 4. *Quantité obtenue par 100 kil. de foin.* — ***Ration et régime d'hiver, de printemps, d'été, d'automne.*** — ***Dépenses d'une vacherie de 13 têtes.*** — ***Frais d'entretien par tête.*** — ***Prix de revient d'un litre de lait.***

Le prix de revient d'un litre de lait qu'il importe de connaître pour apprécier rigoureusement les opérations morales et matérielles d'une laiterie, ne peut être déterminé d'une manière mathématique. Il existe tant de circonstances, tant de causes qu'on ne peut prévoir et qui peuvent modifier sensiblement la valeur des chiffres, qu'on ne doit adopter un nombre que comme chiffre approximatif concordant le plus possible avec les données générales fournies par la pratique.

Il est un fait, toutefois, qu'on ne peut négliger d'étudier ou pour mieux dire de connaître, lorsqu'on veut créer ou entretenir une vacherie reposant sur une vaste échelle : c'est qu'il y a possibilité de prévoir à l'avance quelle pourra être sous un large point de vue, la quantité de litres de lait que l'on doit obtenir d'une quantité de foin de prairies naturelles après sa consommation. Il y a, il faut le reconnaître, quant au chiffre que l'on doit espérer, moins d'incertitude, moins de variabilité que pour la production du lait. Les résultats obtenus soit en France, soit à l'étranger, soit sur des vaches de petite, moyenne ou grande taille, concordent presque tous entre eux. Ainsi, il est constant que 100 kilog. de foin sec consommés et représentant des rations d'entretien et de production, peuvent produire 40 litres de lait. Les extrêmes, comme minimum et maximum dans les circonstances ordinaires et générales de culture, sont 37 et 44 litres.

Ainsi donc, d'après ces résultats, chaque litre de lait serait produit par 2 kilog. 5 de foin ; et 1,000 kilog. de cette substance fourragère produiraient, quelle que soit la race et la taille, 400 litres de lait. Or, si l'on donne à cette quantité de foin une valeur quelconque, 30 fr. par exemple, chiffre que l'on assigne à cette quantité dans toute la Bretagne pour représenter sa valeur vénale moyenne, chaque litre de lait reviendrait, sans l'appréciation des frais généraux, l'intérêt de la valeur des animaux, etc., à 7 cent. $^{5}/_{100}$.

Examinons maintenant le chiffre que l'on doit prendre pour base lors de la vente, et quels doivent être les produits nets réalisables d'une vacherie établie en Bretagne et renfermant 12 têtes femelles et un taureau. Les rations d'alimentation et de production seront composées, par saison, des substances fourragères que nous avons énumérées au début de ce mémoire, et toutes se rattachent à des animaux ayant un poids vivant de 400 kilog. en moyenne. Chaque ration se compose de 12 kilog. de foin, c'est-à-dire, 3 kilog. par 100 kilog. poids brut.

Saison hivernale.

120 JOURS D'ALIMENTATION.

			KILOG.
6 kilog. foin × 13 têtes × 30 jours (*novembre*)			2,340
6 — représentés par les racines suivantes :			
15 kilog. navets × 13 × 30.........	5,850		
9 — rutabagas × 13 × 30......	3,510	en foin	2,340
6 kilog. foin × 13 têtes × 30 jours (*décembre*)			2,340
6 — représentés par :			
9 kilog. rutabagas × 13 × 30.......	3,510		
6 — pommes de terre × 13 × 30.	2,340	en foin	2,340
6 kilog. foin × 13 têtes × 30 jours (*janvier.*)			2,340
6 — représentés par :			
6 kilog. rutabagas × 13 × 30........	2,340		
4 — pommes de terre × 13 × 30.	1,560		
6 — betteraves × 13 × 30.......	2,340	en foin	2,340
6 kilog. foin × 13 têtes × 30 jours (*février.*)			2,340
6 — représentés par :			
6 kilog. pommes de terre × 13 × 30.	2,340		
6 — betteraves × 13 × 30.......	2,340	en foin	2,340

Saison vernale.

120 JOURS D'ALIMENTATION.

5 kilog. foin × 13 têtes × 30 jours (*mars.*)			1,950
7 — représentés par :			
6 kilog. betteraves × 13 × 30.....	2,340		
24 — nabusseaux, choux verts × 13 × 30.............	9,360	en foin	2,730
5 kilog. foin × 13 têtes × 30 jours (*avril.*)			1,950
7 — représentés par :			
6 kilog. betteraves × 13 × 30......	2,340		
24 — choux, colsa × 13 × 30...	9,630	en foin	2,730

4 kilog. foin × 13 têtes × 30 jours (*mai.*)..			1,560
8 — représentés par :			
32 kilog. trèfle incarnat ou rouge en vert × 13 × 30..........	12,480	en foin	3,120
3 kilog. foin × 13 têtes × 30 jours (*juin*)..			1,170
9 — représentés par :			
36 kilog. trèfle, vesce d'hiver × 13 × 30..................	14,040	en foin	3,510

Saison estivale.

60 JOURS D'ALIMENTATION.

3 kilog. foin × 13 têtes × 30 jours (*juillet*).			1,170
9 — représentés par :			
36 kilog. vesce, pois gris de printemps, trèfle de 2e coupe × 13 × 30............	14,040	en foin	3,510
3 kilog. foin × 13 têtes × 30 jours (*août*)..			1,170
9 — = 24 kilog. trèfle vert, pois gris × 13 × 30..	9,360		
9 — maïs en vert × 13 × 30...........	3,510	en foin	3,510

Saison automnale.

60 JOURS D'ALIMENTATION.

4 kilog. foin × 13 têtes × 30 jours (*septembre*).................			1,560
8 — représentés par :			
15 kilog. trèfle vert, sarrasin × 13 × 30	5,850		
9 — maïs en vert × 13 × 30.....	3,510	en foin	3,120
5 kilog. foin × 13 têtes × 30 jours (*octobre*).			1,950
7 — représentés par :			
42 kilog. choux pommés, feuilles de choux, navets, rutabagas et betteraves × 13 × 30................	16,380	en foin	2,730

Avant d'établir les dépenses annuelles, nous allons faire la récapitulation des substances consommées, afin que nos raisonnements soient plus faciles à saisir.

RÉCAPITULATION DES SUBSTANCES CONSOMMÉES.

Foin.

Novembre...........	2,340 kilog.			
Décembre...........	2,340			
Janvier.............	2,340			
Février.............	2,340	9,360		
Mars................	1,950			
Avril...............	1,950			
Mai.................	1,560			
Juin................	1,170	6,630		
Juillet.............	1,170			
Août................	1,170	2,340		
Septembre..........	1,560			
Octobre............	1,950	2,510	21,840	

Équivalents.

Novembre...........	2,340			
Décembre...........	2,340			
Janvier.............	2,340			
Février.............	2,340	9,360		
Mars................	2,730			
Avril...............	2,730			
Mai.................	3,120			
Juin................	3,510	12,090		
Juillet.............	3,510			
Août................	3,510	7,020		
Septembre..........	3,120			
Octobre............	2,730	5,850	34,320	56,160

SUBSTANCES CONSOMMÉES FORMANT LES ÉQUIVALENTS.

Fourrages racines.

	NAVETS.	RUTABAGAS.	POM. de TERRE.	BETTERAVES.
Novembre...	5,850	3,510		
Décembre...		3,510	2,340	
Janvier.....		2,340	1,560	2,340
Février.....			2,340	2,340
Mars.......				2,340
Avril......				2,340
Totaux...	5,850	9,360	6,240	7,360

Fourrages herbifères.

	NABUSSEAUX. Choux, Colsa, etc	TRÈFLE ROUGE, Incarnat, etc.	MAÏS VERT.
Mars.............	9,630		
Avril.............	9,630	12,840	
Mai...............		14,040	
Juin.............		14,040	
Juillet............		9,630	
Août.............		5,850	3,510
Septembre.........			3,510
Octobre...........	16,380		
Totaux.........	35,640	55,770	7,020

TOTAUX GÉNÉRAUX.

Fourrages racines.............	28,810	
— herbifères..........	98,430	
foin..............	21,840	149,080 kil.

Ainsi donc, les animaux auront consommé en foin sec et en équivalents 56,160 kilogrammes qui nous représentent 13 rations X 12 kilog. de foin X 360 jours. Or, 56,160 kilog. de foin à 30 fr. les 1,000 kilog. de foin, donnent........................... 1,687 fr. 80 c.

A cette somme, il faut ajouter l'empaillement. La quantité de litière que nous accordons par tête est de 6 kilog. Or, 13 têtes X 6 X 360 jours = 28,080 kilog. qui a 15 fr. les 1,000 kilog................ 421 20

Gage d'un domestique..... 120 fr.
— d'une vachère....... 60
Nourriture et blanchissage à 0,60 par jour X 360 X 2. 432 — 612 »

Intérêt à 5 p. % de la valeur de chaque tête, en moyenne de 150 fr. Or, 13 X 150 = 1950 fr. Ce qui donne pour l'intérêt. 97 50

Loyer et réparations locatives du bâtiment............................ 50 »

Entretien du mobilier de la vacherie.... 20 »

Éclairage pendant la saison hivernale... 10 »

Frais du vétérinaire et médicaments... 30 »

Amoindrissement de valeur, par tête 5 fr. 65 »

TOTAL GÉNÉRAL DES DÉPENSES....... 3,058 fr. 50 c.

Ainsi, on voit d'après ce chiffre que les dépenses s'élèvent par an et par tête à la somme de........ 235 fr. 26 c.

Ce qui donne par jour............... 0 64

Si nous admettons maintenant la naissance de 11 veaux, parce qu'il convient de porter les chances de mortalité et d'accidents à 10 p. % du nombre total, et si nous leur donnons à 15 jours, époque où on peut déjà les livrer à la consommation, une valeur de 10 fr., nous aurons pour leur valeur générale la somme de........... 110 fr. » c.

Quant à la valeur du fumier, il nous est possible de la déterminer. La quantité de foin consommé étant de 56,160 kilog., nous multiplions ce chiffre par le nombre 1,75, et nous avons pour total 98,460 kilog. de fumier. A ce résultat, il faut ajouter le fumier résultant de la conversion de la litière. Or, 28,080 X 2 donnent pour production de cette litière 56,160 kilog. qui, ajoutés au fumier produit par la nourriture, donnent un total de 154,620 kilog. Dès-lors, si nous divisons cette somme par 2,000 kilog. poids ordinaire d'une charretée de fumier, dont la valeur commune est de 12 fr. ou 0,60 les 100 kilog., nous aurons pour total la somme de.................... 927 70
laquelle donnera par tête et par an celle de 71 fr. 36 c.

Ainsi ces deux valeurs, celle des veaux et celle du fumier, ajoutées l'une à l'autre, donnent pour résultat le chiffre.......... 1,037 fr. 70 c.

Ce nombre doit être déduit de la somme des dépenses. Dès-lors, nous aurons donc pour déterminer le prix de revient de chaque litre de lait, la somme de.............................. 2,020 fr. 80 c.

Nous avons admis précédemment, comme production annuelle 1,920 litres. Or, 12 vaches X 1,920 litres, donneront pour production générale 23,040 litres de lait.

Donc 2,020 fr. 80 c................. = 0,08 $^{77}/_{100}$

23,040 litres.

Le litre de lait revenait donc à 0,08. A Roville, le lait revenait à 0,07 $^{25}/_{100}$ le litre.

§ 5. *Vente du lait.* — *Débouchés.* — *Transport du lait.* — *Prix de vente du litre.*

Ce produit possède une valeur vénale qui varie suivant les localités, et c'est cette valeur qu'il importe de connaître pour déterminer si la vente du lait offre plus ou moins de profit net que la fabrication du beurre, du fromage ou l'engraissement des veaux.

Le lait est généralement d'une vente facile lorsqu'on est situé près d'un grand centre de population ou d'une commune populeuse, et il est bien rare que le prix de vente ne soit pas assez élevé pour que la comptabilité ne constate un produit net satisfaisant, si le débit journalier est constant. Malheureusement pour jouir des bienfaits de cette spéculation, il faut résider à quelques kilomètres seulement d'un débouché. Lorsque la distance du lieu de production au lieu de consommation s'élève à plus de 4 kilomètres, la vente devient assez onéreuse, alors surtout que la quantité à vendre est considérable.

Ainsi, indépendamment du matériel et de la vacherie, il faut avoir un véhicule spécial, un moteur, un mobilier considérable. On conçoit que

L'intérêt de la valeur de ces objets,
Leur entretien,
La nourriture du cheval ou de l'âne,
Le salaire de la fille,

doivent amoindrir sensiblement chaque jour le produit net qui peut résulter de cette spéculation.

Toutefois, ces règles ne sont pas tellement rigoureuses et générales quelles ne puissent être soumises à quelques exceptions.

Ainsi quoiqu'éloigné de plus de 2 et même 4 kilomètres d'un centre populeux, il est des cas où la conduite et la vente du lait peut être lucrative. C'est lorsque, par exemple, le débit de la crême, des œufs frais, de la volaille est assuré chaque jour. Quoiqu'il en soit, il faut des conditions spéciales, un avantage bien déterminé, une vente facile et lucrative, pour braver les inconvénients nombreux qui sont attachés, par l'éloignement, à cette industrie. On sait que durant les grandes chaleurs, le lait supporte difficilement un long parcours, surtout lorsqu'il est pénible.

La première condition, avons-nous dit, dans la vente du lait, c'est le débouché. Il faut reconnaître qu'un marché toujours ouvert et d'un accès facile, est peu commun dans la contrée de Bretagne. Ce n'est qu'à l'intérieur des chefs-lieux de département, des villes, des sous-préfectures et de quelques forts cantons, que ces deux conditions peuvent se trouver réunies.

Le système de culture par colonage partiaire, et surtout la petite propriété résidant aux environs des villes, au sein des bourgs et des communes, paralysent et nuisent considérablement à la vente des produits en lait d'une vacherie située sur une échelle un peu prononcée. Ainsi, il est peu de communes où le lait ne soit pas assez abondant, où la production soit inférieure à la consommation.

La vache, ou les quelques vaches que chaque propriétaire et chaque artisan un peu aisé possède, suffisent presque toujours aux besoins des bourgs et des communes, et c'est ici surtout qu'une grande spéculation ne peut être tentée avec l'espoir de réaliser quelques bénéfices.

Lorsque le prix de vente, les débouchés permettent l'apport

du lait d'une exploitation située à distance telle que le transport à bras ou sur l'épaule n'est pas possible, il est nécessaire, surtout durant les fortes chaleurs, de prendre toutes les précautions possibles pour que les principes constituants du lait ne puissent se séparer, et pour qu'il conserve encore, à son arrivée sur le lieu de la vente, sa fraîcheur naturelle. A cet effet, on remplit immédiatement, après la traite du soir ou celle du matin, selon l'époque à laquelle le lait doit quitter la ferme, les vases en fer-blanc au moyen desquels on doit exécuter le transport, et on les dépose dans une cave, un lieu frais mais très-sain, ou on les place dans de larges et profonds baquets remplis d'eau que l'on renouvelle de temps à autre. Les vases seront remplis jusqu'à leur ouverture et bouchés aussi hermétiquement que possible. Il est surtout indispensable qu'ils soient parfaitement pleins, afin que le lait ne soit pas agité durant le transport, et que celui-ci ne soit exécuté que le soir, la nuit ou le matin. Les vases que l'on place dans des voitures suspendues sont garantis de l'action du soleil par de la paille que l'on renouvelle tous les huit jours.

La vente à une distance sensible n'est donc pas toujours possible à cause des conditions qu'elle impose et qu'on est forcé de remplir. Il est un autre débouché, mais assez rare dans la province de Bretagne. Nous voulons parler des laitières qui viennent enlever chaque jour le lait pour le vendre à l'intérieur des grands centres de consommation. Il est évident que ce mode de vente, lorsque le prix est convenable, est celui qui procure plus de bénéfices.

Dans cette circonstance, le cultivateur n'est astreint à aucune dépense autre que celle des vases nécessaires à la conservation momentanée du lait. Nous ne parlerons pas des débouchés que l'on pourrait avoir dans l'existence de grandes fromageries : cet art est encore naissant en Bretagne.

Mais quel est le prix auquel le cultivateur peut espérer vendre le lait qu'il produit? Le chiffre que l'on doit assigner à cette production est bien peu variable. Quel que soit le département, quelle que soit la contrée, la valeur du lait s'élève généralement à 0,20 le litre. Les contrées où la valeur du lait descend à 0,15 sont si peu nombreuses, que nous adopterons dans nos prévisions et calculs, le chiffre 0,20.

§ 6. *Produit net par année d'une vacherie de 13 têtes. Produit net par tête, par an, et par jour.*

Pour constater les produits nets que l'on peut réaliser par la vente du lait ou par l'entretien d'une laiterie, il faut adopter le chiffre de vente de 0,20 le litre. Or, nous avons démontré que les bases que nous avions adoptées nous permettaient d'espérer une production s'élevant à 20,040 litres. Donc, nous aurons 20,040 litres × 0,20, ce qui nous donnera pour produit brut................ 4,008 fr. » c.

Si nous déduisons maintenant de cette somme celle représentant les dépenses, qui sont de.......................... 2,020 80

Nous arrivons à obtenir la somme de... 1,977 20
qui sera le bénéfice réalisable chaque année.

Le produit net d'une vache est donc en moyenne par année de.......................... F. 164 76

Et par jour de.................... » 45 13/000

Si on accorde maintenant une valeur de 0,15 au lait pour chaque litre, les chiffres se présenteront ainsi : 20,040 × 0,15................. 3,006 fr. » c.

A déduire les dépenses............. 2,020 80

Reste pour produit net... 986 20

Le bénéfice par vache ne sera donc par année que de. . . . . F.	82	18	
Et par jour de.	»	24	$^{16}/_{000}$
Ce bénéfice sera encore plus élevé si l'exploitation ne nourrit point un taureau. Il sera par tête et par an de.	90	05	$^{91}/_{000}$

CHAPITRE II.

DU BEURRE.

§ 1. *Coulage du lait. — Matière butireuse — Écrémage.*

Aussitôt que le lait obtenu par la traite est arrivé à la laiterie, la vachère s'empresse de le passer à travers un *couloir*, pour le débarrasser de toutes les impuretés qui pourraient y être tombées à l'étable ou lors du trajet de la vacherie à la laiterie. Cette opération terminée, on verse le lait dans les vases destinés à le contenir.

Le lait provenant de diverses traites doit être mis dans des vases distincts. Le mélange est nuisible à la formation de la crème, alors surtout que la température est élevée.

Pour exécuter le coulage, la fille place la passoire aussi près que possible du vase, afin de ne point faire naître beaucoup de mousse ou provoquer un jaillissement qui nuiraient à la propreté des ustensiles et de la laiterie.

Lorsque le lait est abandonné à lui-même, la matière butireuse ou la crème qui est tenue en suspension dans le lait, à la faveur du caséum, se divise spontanément, si la température de la laiterie varie entre 10 et 12 degrés.

La crême a une densité plus légère que l'eau ; elle se présente sous l'aspect d'une masse blanc-jaunâtre, épaisse, onctueuse, ayant une saveur agréable ; elle contient en général après sa séparation spontanée du lait 4, 5 de beurre, 3, 5 de caséum et 92 de sérum ou petit lait, et sa densité est de 1011,9.

La matière butireuse qui se sépare du lait par le repos et la température, n'existe pas dans une proportion invariable.

La température joue un rôle plus ou moins favorable dans la formation de la crême : ainsi à quelques degrés au-dessus de zéro, elle monte difficilement et ne peut être enlevée qu'une seule fois durant 48 heures ; à 12 ou 15 degrés, on peut écrêmer après 24 heures de séjour du lait à la laiterie ; au-dessus de 20 degrés, la crême monte ordinairement en 10 heures. Pendant les temps orageux, elle monte plus promptement.

Lorsque la crême monte avec trop de rapidité, elle donne du beurre qui a moins de facultés, de consistance, et plutôt huileux qu'acide ; tandis que lorsque la montée est lente, difficile, le beurre est sec et acquiert plus de dureté ; aussi est-il nécessaire de maintenir durant l'hiver et l'été une température constante à l'intérieur de la laiterie. Nous verrons plus tard comment on peut obtenir ce résultat.

L'enlèvement de la crême que l'on désigne sous le nom d'écrêmage, doit avoir lieu lorsque le lait est encore doux. Lorsqu'on attend pour exécuter cette opération que le lait soit caillé ou aigre, la crême donne un beurre de moins bonne qualité, et d'une conservation à l'état frais plus difficile. Il est vrai, que lorsque le lait a aigri ou que le caséum est formé, on obtient plus de crême; mais l'augmentation qui résulte de cette modification n'est pas assez considérable pour compenser la perte que l'on éprouve par rapport à la qualité de la matière butireuse.

L'écrêmage exige une certaine habitude, une expérience pratique que toutes les vachères ne possèdent pas. Lorsqu'on veut écrêmer du lait, il faut s'assurer préalablement si la consistance, si la pellicule qui existe à la partie supérieure du liquide, résiste à l'action d'un souffle violent ou à une légère pression du doigt. L'enlèvement de la crême n'a pas toujours lieu de la même manière.

Lorsque les pots à lait sont hauts et étroits, on incline ces espèces de cruches sur la crémière ou vase destiné à contenir la crême, et au moyen d'une cuillère en bois on attire doucement la crême vers le bord. Lorsque la presque totalité de la crême est rassemblée, on la fait tomber dans la crémière.

Il faut éviter, autant que cela est possible, d'attaquer ou le lait ou la matière caséeuse qui pourrait avec le temps agir sur la crême et nuire par conséquent à la bonté du beurre.

Cette manière d'obtenir la crême, qui est commune à toute la Bretagne, n'est pas un très bon procédé. Les cruches ne sont réellement utiles qu'en hiver, à cause de la facilité avec laquelle on les transporte de la laiterie à l'habitation. Mais durant l'été, il est certain que les vases plats présentent plus d'avantages.

Quand on se sert de terrines en terre, il faut pour opérer l'écrêmage détacher la crême avec le doigt ou une spatule du bord de ce vase, mais seulement près du bec; car il faut qu'elle reste attachée aux autres parties; on incline ensuite la terrine en l'appuyant d'une main sur le genoux et sur le ventre. C'est alors qu'on laisse couler le lait dans un autre vase, en retenant la crême au fond de la terrine au moyen d'une écrémette ou d'une large cuillère en bois.

D'autres fois, alors que les vases ont un trou à leur partie inférieure, bouché par une cheville, on enlève celle-ci et on favorise l'écoulement du lait jusqu'à ce qu'il n'y ait plus que la crême.

enfin on peut procéder à l'enlèvement de la crème au moyen d'une écrêmette. A cette effet, on détache la crème sur tout le pourtour du vase par le moyen d'un couteau de frêne ou de hêtre très mince ; on l'attire vers un des bords et on l'enlève en passant l'écrêmette entre elle et le lait, pour la déposer ensuite dans la crémière.

Cette dernière manière d'opérer l'écrêmage est plus difficile, et elle exige plus d'attention et de dextérité. C'est le seul procédé que l'on puisse suivre lorque l'on doit écrêmer plusieurs fois par jour et avoir sans cesse de la crême fraîche.

Quelle que soit la manière d'écrêmer, il importe d'enlever le plus de crême et de laisser le plus de lait possible, ou d'enlever le plus de lait et de laisser le plus de crême possible.

La crème que l'on a enlevée doit être placée aussitôt, ainsi que nous l'avons dit, dans une crémière. Celle-ci est un pot ou un vase en grès dont l'ouverture est étroite.

Lorsque la crémière est très évasée, la crème offre trop de surface en contact avec l'air et elle se conserve fraîche moins longtemps. L'on doit éviter dans toutes les saisons de l'année de déposer le vase qui contient de la crême dans un lieu où la température soit élevée ; car alors elle aigrit promptement ; et c'est la température artificielle que l'on applique à la crême durant toute l'année, dans la contrée vendéenne, qui amoindrit la qualité, la couleur du beurre.

La quantité de crème que l'on doit obtenir d'une quantité donnée de lait, ne peut être déterminée que très approximativement ; elle varie suivant l'époque du part.

On a constaté que le lait d'une vache recueilli un mois avant le part renfermait sur 100 parties, 78, 2 d'eau et que le rapport de la crême au sérum était :: 200 : 800; tandis que après le part, le fluide du même animal renfernait 90 % d'eau et donnait une crème qui était au sérum :: 64 : 936. Et cependant il a été démontré par l'expérience que plus le poids spécifique du lait est élevé et plus grande est la quantité de crème. Ainsi.

Sa densité étant de	La quantité de crème sera de
1,029 "	17 5 %
1,031 5	13 5 %
1,032 7	11 5 %
1,033 "	8 " %
1,034 "	5 " %

La moyenne de ces résultats qui est 11,05, nous permet de dire qu'un litre de lait produit par une vache parfaitement nourrie donne 0 litre 11 de crème. La moyenne des résultats que nous avons obtenus s'élève à 12 p. %.

§ 2. *Battage. — Délaitage. — Coloration.*

Lorsqu'on a obtenu par l'écrêmage une quantité de crème suffisante, on s'occupe du battage, qui a pour but la réunion des molécules butireuses. Les instruments dont on se sert pour cet usage, varient suivant les exploitations et les contrées.

Plusieurs conditions sont nécessaires pour que la fabrication du beurre soit exécutée avec succès :

1° La température .
2° Le battage,
3° Le délaitage.

1° L'action de la température a une très-grande influence sur le résultat de l'opération. Quelles que soient les époques de l'année, une haute température comme un froid très-intense nuit à la réunion du beurre. Lorsque la température n'est que de quelques degrés au-dessus de zéro, il faut ajouter dans la baratte, avec la crême, une certaine quantité d'eau chaude ou encore rapprocher celle-ci du foyer ; c'est ce qui se pratique en hiver dans presque toutes les fermes de la Bretagne. Lorsqu'au contraire la température est de 20 à 25 degrés, il convient de verser dans la baratte de l'eau fraîche qu'on laisse séjourner une heure environ avant l'introduction de la crême, et on plonge la baratte dans un vase contenant de l'eau fraîche.

La température la plus convenable pour opérer le battage du beurre est de 10 à 12 degrés Réaumur. A 10 degrés on obtient un beurre de parfaite qualité, d'un goût agréable ; à 12 on obtient le plus grand produit ; à 16 degrés la quantité diminue ainsi que la consistance ; à 18 le produit est mou, il diminue encore et cet amoindrissement s'élève à environ 10 p. °/₀ ; à 20 degrés il a diminué de 16 p. °/₀, et à cause de sa fluidité, il est d'un délaitage difficile et de qualité inférieure.

Quelle que soit la température, la chaleur augmente de 1 à 2 degrés par l'opération du battage.

Lorsque la crême qu'on obtient chaque jour est considérable, il est nécessaire de la battre tous les matins ou le soir en été, et vers le milieu du jour en hiver, quoiqu'elle nécessite pour se convertir en beurre plus de travail que celle du jour précédent ou de l'avant-veille.

Pendant l'hiver la crême se conserve bien, et on peut ne battre que tous les trois ou quatre jours, et quelquefois même davantage. Durant l'été au contraire, il convient de ne pas la garder au-delà de deux à trois jours, si l'on veut obtenir un beurre de bonne qualité.

2° Lorsque la crême a été réunie dans la crémière, on enlève la cheville du trou placé à la partie inférieure et l'on fait écouler le sérum qui peut exister sous la crême et qui nuirait à la qualité du beurre pendant le battage. Puis on verse la crême dans la baratte, et quelle que soit la forme de celle-ci on ne saurait l'emplir au-delà de la moitié de la quantité qu'elle peut recevoir; quand la crême a été introduite, on commence l'opération qui est variable suivant la forme des barattes.

1° BARATTE A POMPE OU RIBOTTE.

Aussitôt que la crême a été introduite dans cet instrument et que le couvercle est placé, on élève et on abaisse tour-à-tour le *ribot* ou *batte* et on frappe très-légèrement le fond de la baratte. Il en résulte de là que la totalité de la crême est agitée deux fois en montant et en descendant. Ce genre de battage demande une certaine attention. L'été, il faut qu'il soit plus lent à cause de l'état de fluidité de la crême ; quoiqu'il en soit, les mouvements de répulsion seront tels qu'ils occasionneront un déplacement continuel des parties laiteuses et un rapprochement des parties butireuses.

2° BARATTE CYLINDRIQUE.

Aussitôt que la crême est introduite dans cette baratte, on ferme l'ouverture, c'est-à-dire, on place le couvercle et on tourne la manivelle. Parfois on imprime à la manivelle un mouvement de va et vient ; mais ce mouvement est difficile à exécuter et peu favorable. Il est bien nécessaire dans l'emploi de cet instrument de ne point tourner rapidement. Lorsque la vitesse est trop grande, la crême a un mouvement circulaire. Il faut pour que le beurre se forme promptement que la crême puisse sans cesse être divisée en deux parties.

Comparaison pratique de ces deux instruments.

Quelle est celle de ces deux barattes à laquelle on doive donner la préférence ? D'après des expériences faites en Allemagne, l'avantage serait en faveur de la baratte locale ou ribotte. La théorie, par ses explications, appuie cet avantage. Ainsi, pour que la crême puisse se métamorphoser en beurre, il faut qu'elle soit en contact avec l'oxigène de l'air. Si cet oxigène diminue sensiblement durant l'opération, si son renouvellement a lieu avec difficulté, la quantité de beurre est moins considérable.

Dans les barattes cylindriques, l'air ne peut être sans cesse renouvelé. Dans les barattes à ouvertures, cette difficulté n'existe pas; aussi est-il constant que la quantité de beurre est toujours un peu plus sensible dans la baratte à pompe que dans la baratte cylindrique. Toutefois si la quantité est plus grande, le beurre est de bien moins bonne qualité, à cause de l'odeur que le bois conserve sans cesse. Cela est tellement évident, que les barattes en zinc, mais à pompe, permettent au beurre d'avoir autant de finesse, de qualité que celui obtenu, fabriqué dans la baratte dite Valcour.

Plusieurs localités de notre région ne suivent pas le procédé pratique que nous venons de rappeler pour la fabrication du beurre. L'usage est de laisser cailler le lait avant d'opérer l'écrêmage. Cette manière de procéder est moins défavorable qu'on ne le suppose. La crême est enlevée quand le lait commence à cailler; le beurre est aussi remarquable en qualité, en couleur et même en finesse que lorsque le lait est non caillé. Toutefois pour que tels résultats puissent être obtenus, il faut que la crême ne séjourne pas long-temps sur le lait caillé, car alors le petit lait s'interpose entre celui-ci et la crême, et il altère dans ce cas, par son acidité, la qualité de celle-ci.

Mais si, dans les métairies de la Bretagne, il est difficile d'obtenir du beurre de qualité aussi remarquable que celui obtenu sur les exploitations dirigées par le propriétaire lui-même, il faut reconnaître que l'usage que nous venons de rappeler et qui ne peut être le partage de laiteries bien confaites, est consacré chez les populations par des résultats qu'on ne saurait obtenir lorsque l'écrèmage a lieu alors que le lait est encore doux. En effet, l'expérience constate chaque jour que l'écrèmage sur le lait caillé est plus parfait, que la quantité de crème obtenue d'une quantité de lait donnée est plus considérable. Ainsi, des expériences que nous avons faites ont donné pour résultat les chiffres suivants :

1° 25 litres de lait non caillé ont rendu 2 litres 25 centilitres de crème, lesquels ont donné 755 grammes de beurre;

2° 25 litres de lait caillé ont donné 3 litres 05 centilitres de crème qui ont rendu 830 grammes.

L'avantage est donc en faveur du lait caillé. Il a fallu dans le premier cas 33 litres 11 centilitres de lait pour faire 1 kilog. de beurre, tandis qu'il n'a fallu dans le second cas que 30 litres 75 centilitres. M. Doncker avait obtenu en 1836, à Coëtbo, pour le lait caillé, 26 litres 79 centilitres, et le lait non caillé, 35 litres 46 centilitres par kilogramme de beurre.

Dans d'autres contrées, le lait, qu'il soit doux, qu'il soit caillé, n'est point écrèmé; on jette à la fois dans la baratte ou le lait caillé et la crème, ou le lait doux sans avoir été écrèmé.

Le premier procédé ne peut être imité. Il est bien rare que les résultats soient toujours favorables. D'un côté, le battage est plus laborieux, plus difficile à exécuter, et la crème, c'est-à-dire le beurre, subit plus longtemps l'action de l'acide du lait; de l'autre, le délaitage, la séparation de la matière butireuse du caséum et sérum a lieu d'une manière moins parfaite et elle exige plus de temps.

Toutefois ce procédé, malgré ses défauts, a quelques avantages. Ainsi en opérant le battage du lait après qu'il a caillé et de la crème, on peut agir sur des quantités de crème peu considérables. C'est à cause de cet avantage que certaines exploitations préfèrent encore ce procédé, et exécutent le battage du lait et de la crème tous les deux jours, si elles ne l'exécutent pas journellement.

Quand au second procédé, il n'est pas toujours possible à cause de la fluidité du lait, de la longueur de l'opération. Néanmoins, si pour baratter du lait doux il faut agir, lors des premiers moments de l'opération, avec une lenteur, et s'il importe de prendre certaines précautions qui varient suivant les instruments, afin que le lait ne s'épanche pas au-dehors et pour que l'agglomération des molécules butireuses ait lieu après le battage, on ne saurait se refuser à méconnaître que le beurre obtenu est toujours d'excellente qualité, qu'il est plus fin au goût que celui que l'on obtient par les procédés ordinaires.

3° le délaitage est une opération délicate qui exige de l'habileté, de la dextérité et surtout de la propreté.

Lorsque le son que rend le mouvement rotatif des ailes ou les mouvements de répulsion du *ribot* est devenu sourd, plus sonore, c'est une preuve que l'opération du battage touche à sa fin.

Enfin, lorsque les mouvements s'exécutent avec une certaine difficulté à cause de l'agglomération des globules en petites masses, le beurre est formé. Dès lors on s'occupe d'opérer le délaitage : j'entends par là l'opération qui consiste à séparer le beurre du lait auquel on donne le nom de lait de beurre. Voici comment on procède à cette opération :

On fait écouler le lait de beurre aussi exactement que possible. Puis on verse dans la barate ou le ribot quelques litres d'eau limpide et fraiche, puis on agite.

On fait écouler de nouveau le liquide que l'on remplace encore par de l'eau fraiche. Dès lors on continue le lavage. Lorsque l'eau sort limpide, on recueille le beurre dans un vase en bois présentant la forme d'une terrine normande en grès.

C'est dans cet ustensile que le beurre est pressé, coupé, divisé, battu, pétri, retourné en tout sens, avec une large cuillère de bois. Le but de cet opération, qui n'a jamais lieu sans le secours de l'eau, est de faire sortir tout le lait qui pourrait être interposé entre les molécules du beurre.

Lorsque l'eau reste pure, on termine l'opération, et il faut pour que le beurre, au sein de l'été, ne perde pas de sa fermeté, qu'il ait été légèrement travaillé. Il est aussi nécessaire de ne pas employer l'eau en quantité considérable ; lorsqu'elle est employée mal à propos, elle est très nuisible et à la qualité et à la conservation du beurre.

Quand au pétrissage exécuté par la main, cette opération ne peut être considérée comme favorable. Il est bien rare que les mains des vachères soient assez nettes, fraîches et inodores pour que le beurre n'acquiert pas quelque goût désagréable.

Il est d'usage en Bretagne, surtout en hiver et parfois au commencement du printemps, alors que les animaux vivent de paille ou parcourent les landes, de donner au beurre une coloration artificielle ; cette teinte qui varie du jaune pur au jaune rougeâtre, ne diminue en rien les qualités du beurre et facilite considérablement la vente.

Les substances que l'on emploie sont peu variées ; on fait usage ordinairement de carottes. On prend les racines les plus jaunes et les plus fraîches que l'on puisse se procurer ; on les rape et on en exprime le jus au travers d'un linge fort et clair. Lorsqu'on veut faire usage de cette teinture, on en prend une ou deux cuillerées pour chaque litre de crême, suivant la force de la coloration du jus, que l'on mêle à celle-ci, avant d'exécuter le battage. Il est prudent de ne point dépasser la quantité que nous venons de rappeler. Une quantité considérable donnerait au beurre une couleur qui ne pourrait être regardée comme naturelle, et une odeur qui serait sensible au goût et à l'odorat. Dans les environs de Rennes on emploie les fleurs du *souci*.

§ 3. *Quantité de beurre par jour et par an. — Bases d'appréciation.*

Si par le battage il était possible d'obtenir toute la matière butireuse que renferme le lait, la quantité de beurre qu'il importe de porter à l'avoir de la laiterie s'élèverait, d'après les chiffres que nous avons posé précédemment, à 11 et 12 p. % de la totalité du lait employé à la fabrication du beurre. Malheureusement les résultats pratiques ne sont pas aussi élevés, et on ne peut guère admettre moins de 28 litres de lait pour 1 kilog. de beurre, dans la région de l'Ouest, lorsque la fabrication de cette dernière denrée est établie sur une grande échelle. Il est vrai qu'on a constaté souvent en Bretagne, que :

18 litres de lait produisent 1 kilog. de beurre.
20 — — — — —
22 — — — — —
24 — — — — —

Mais combien d'expériences ont prouvé qu'il fallait, dans des conditions analogues à celles où l'on a constaté les résultats ci-dessus :

26 litres 14 de lait pour 1 kilog. de beurre.
31 — 27 — — —
33 — 59 — — —
35 — 46 — — —

Nous avons longuement cherché, soit par des expériences directes dans diverses exploitations, soit en colligérant des résultats obtenus, quel pouvait être le chiffre qu'il faut adopter dans l'évaluation du produit en beurre d'une vacherie. La moyenne de nos recherches a été de 24 litres. Et quoique ce chiffre puisse paraître inférieur ou supérieur à la production ordinaire, nous l'avons adopté, convaincus que nous sommes qu'il représente la moyenne des résultats que l'on obtient en Bretagne, eu égard aux circonstances locales, culturales et atmosphériques. Il résulte donc de cette évaluation qu'une vacherie de 12 têtes, dont le produit en lait s'élève annuellement à 20,040 litres, ou par tête 1,920 litres pendant 280 jours de lactation, donnerait comme produit total en beurre, par an, 835 kilog. ou par tête 67 kilog. 916, et il résulterait de 3,180 litres de crème. Mais ce beurre n'est pas la seule production que l'on obtient dans la fabrication du beurre; le lait de beurre doit être aussi pris en considération. Néanmoins, on ne saurait regarder la différence qui existe entre ces deux produits, le lait et le beurre, comme représentant le lait de beurre. Il existe toujours une perte qui est due soit à la fabrication, soit au transvasement que l'on fait subir à la crème et au lait de beurre.

Quoiqu'il en soit, ce déchet est très-variable : tantôt il est de 8 p. % de la totalité de la crème; dans d'autres cas, il reste à 6 et même 4 p. %. Toutefois ce déchet n'influe en rien sur le chiffre représentant la production du beurre; mais il faut, pour être dans le vrai, reconnaître qu'il influence défavorablement le produit en lait de beurre. Or, si nous admettons que chaque litre de crème donne en lait de beurre 0,64, nous aurons pour produit total 2,036 litres de cette espèce de lait. Si nous déduisons maintenant de la production totale du lait (20,040 litres) 3,180 litres de crème, nous n'aurons que 16,860 litres de lait écrémé, caillé ou non caillé.

§ 4. *De la vente du beurre. — débouché. — Transport. — Salaison.*

Il est bien peu de localités dans la province de Bretagne où la vente du beurre soit difficile : la plupart des grands centres de population, tels que Bain, Nort, Pontivy, Hédé, Lohéac, Fougeray, ont des marchés chaque semaine, où s'approvisionnent Nantes, Rennes, St-Malo, etc.

Le beurre, sur ces marchés, se vend à l'état frais, c'est-à-dire à demi-sel; et la *moche* ou *coin*, noms que l'on donne aux quelques kilogrammes de beurre que chaque fermière apporte sur le marché, affecte des formes plus ou moins différentes et recouvertes de dessins très-variés. Tout le beurre, aussitôt qu'il présente un degré de fermeté convenable, est empaqueté de linge très propre et conduit au marché. Ce transport a lieu ordinairement à bras, afin que le beurre conserve l'impression des moules et la forme qui lui a été donnée. Il n'en est point ainsi du transport du marché d'approvisionnement au marché de consommation. Le beurre est réuni dans de larges paniers garnis de toile. Il est vrai de dire que ce beurre est généralement consommé ou utilisé par l'industrie. Celui que l'on apporte chaque jour ou plusieurs fois la semaine, dans le but d'alimenter les populations urbaines, est tout aussi bien préparé, arrangé, que le beurre que l'on exporte des métairies.

La salaison du beurre destiné à être consommé immédiatement est une opération simple, qui ne demande que de l'habitude et de l'attention. Lorsque le beurre est frais, très fin, d'une excellente qualité, on évite de le saler d'une manière sensible au palais. Lorsqu'au contraire le beurre est de qualité inférieure, on le sale plus fortement, afin que le goût salé anéantisse ou amoindrisse au moins d'une manière sensible les défauts ou mauvaises qualités du beurre.

Il est bien difficile de préciser la quantité de sel que l'on doit employer pour chaque kilogramme de beurre; elle résulte, nous l'avons dit, des goûts locaux, de la qualité du beurre. Cependant lorsque le beurre est nouveau et qu'il doit être consommé promptement, c'est-à-dire 5 à 6 jours au plus tard après sa confection, on est d'accord à regarder 25 à 30 grammes de sel comme suffisant pour chaque kilogramme de beurre.

Le prix du beurre est très-variable. Dans quelques localités il se vend 1 fr. 20 le kilogramme, alors que dans telle autre cette valeur s'élève à plus de 1 fr. 50 la même quantité. Cette variabilité résulte du nombre de consommateurs, de la facilité avec laquelle il arrive sur les marchés, et surtout des saisons et des différentes époques de l'année.

Si le printemps est la saison la plus favorable, elle est aussi la plus désavantageuse pour le producteur. Alors la production lactaire est abondante, le beurre est très commun sur tous les marchés et la vente est moins heureuse intrinséquement parlant. D'un autre côté, cette époque est celle où les familles, l'industrie et le commerce se livrent à d'abondants achats ; aussi résulte-t-il de là que, l'abondance de la production d'une part et les ventes nombreuses de l'autre, le beurre conserve un prix convenable et pour le cultivateur et pour l'acquéreur.

L'été, le beurre augmente de valeur et cela par deux causes. En premier lieu la sécheresse de juin, juillet et août, la diminution de la nourriture ; en second lieu, la grande consommation de lait qui se fait dans toutes les fermes à l'occasion des travaux de la fenaison et de moisson, diminuent considérablement les arrivages en beurre sur les marchés de consommation ou d'approvisionnement.

L'automne est une saison plus convenable ; l'abondance des regains et des pâturages naturels, les productions vertes, soit navets, soit choux, feuilles de betteraves, etc., augmentent de nouveau la sécrétion du lait et par conséquent celle du beurre.

Enfin l'hiver où les manipulations de la laiterie sont plus difficiles, où les nourritures vertes sont moins abondantes, où les jours maigres sont plus nombreux, le beurre éprouve, quant à sa valeur, des modifications parfois très heureuses pour le cultivateur et fâcheuses pour celui qui doit consommer cette denrée.

Son prix arrive souvent à un chiffre double de celui auquel il était vendu au printemps.

Quoiqu'il en soit, on peut sans tomber dans l'erreur admettre les chiffres suivants comme représentant la valeur d'un kilogramme de beurre pendant les quatre saisons de l'année :

PRINTEMPS.	ÉTÉ.
1 fr. 10 à 1 fr. 20.	1 fr. 30 à 1 fr. 40.
AUTOMNE.	**HIVER.**
1 fr. 20 à 1 fr. 30	1 fr. 60 à 1 fr. 70.

Moyenne minimum........	1 fr. 30.
— maximum.......	1 fr. 40.
Moyenne générale.........	1 fr. 35 le kilog.

§ 5. *Du bénéfice net de la fabrication du beurre.*

En examinant les bénéfices que l'on pouvait réaliser, ou plutôt qu'on pouvait retirer d'une vacherie, par la vente du lait, nous avons constaté une dépense générale par année, pour 13 têtes, de 2,020 fr. 80, et un produit brut s'élevant à la somme de 4,008 fr., ce qui nous a donné pour bénéfice 1,977 fr. 20. Pour arriver à connaître si la fabrication du beurre est inférieure à la vente du lait ou plus lucrative, nous établirons les calculs qui suivent :

20,040 litres de lait donnent 3,180 litres de crême, lesquels produisent 835 kilog. de beurre,
à 1 fr. 35 c. .... 1,127 fr. 25 c.

A reporter.......... 1,127 fr. 25 c.

Report.	1,127 fr. 25 c.
Il reste en lait de beurre 2,036 litres à 0 fr. 05 c. (Nous portons le lait de beurre à 0 fr. 05 c. parce qu'il est bien rare qu'on puisse toujours le vendre 0 fr. 10 c.). . . .	101 66
16,860 litres de lait écrémé caillé, ou non caillé, à 0,02 le litre. Il est consommé par les veaux.	337 20
TOTAL du produit net.	1,566 fr. 05 c.

La fabrication du beurre offre donc, si l'on diminue cette somme des dépenses, une perte de. . . F. 454 75

Ce qui vient augmenter le fumier de 0,29 les °/₀ kilog.

CHAPITRE III.

DE L'ENGRAISSEMENT DES VEAUX.

Le but que peut se proposer le cultivateur qui doit utiliser le lait produit par 12 vaches, par l'intermédiaire des veaux, se modifie suivant les localités. Les animaux élevés peuvent être destinés :

1° A la consommation,

2° A augmenter le nombre des animaux ou de rente.

La production de la viande n'est pas toujours une chose lucrative. Pour que le veau soumis aux effets de l'engraissement puisse être considéré comme un animal utile, nécessaire et indispensable même à l'entretien d'une vacherie, il faut qu'il s'engraisse promptement par le seul concours du lait pur ou écrémé. Si le produit principal de la laiterie est le beurre, s'il séjourne long-temps à l'étable, s'il exige pour arriver à un développement remarquable des nourritures que l'exploitation ne possède pas ou par lesquelles elle peut réaliser une valeur monétaire, cette industrie n'est pas une ranche industrielle heureuse; elle diminue considérablement les bénéfices que le cultivateur a pu réaliser par ailleurs.

Dans l'état actuel des choses, peu de cultivateurs se livrent sur une vaste échelle à la production de cette denrée de consommation.

L'engraissement des veaux que l'on considère à la fois, dans un grand nombre d'exploitations, comme nécessaire et lucratif lorsqu'il s'agit de livrer un veau d'un, deux ou trois mois ou plus à la consommation, perd de son caractère d'utilité, lorsqu'il est question d'entretenir une vacherie de 12 têtes uniquement pour se livrer à ce genre d'industrie.

Des calculs rigoureux démontrent que l'engraissement des veaux, comme spéculation spéciale, n'est point toujours un art des plus faciles et des plus lucratifs, à moins que la situation, les débouchés, puissent être regardés comme exception. Ainsi les fermes situées aux alentours des grands centres de population ont plus d'avantage à adopter l'engraissement des veaux que l'élevage de ces animaux. La facilité avec laquelle s'exécutent les transports et la vente, la haute stature des vaches, la fécondité plus élevée du sol, les obligent même en quelque sorte à engraisser non-seulement la presque totalité des veaux qui naissent au sein de l'exploitation, mais encore ceux qui peuvent consommer l'abondance du lait et que l'on retire du dehors.

Il n'en est point ainsi des fermes situées à l'intérieur des terres. L'élevage est la spéculation qui leur est dévolue; c'est elle seule qui peut utiliser le lait qui ne peut être vendu faute de débouchés suffisants. Il est vrai de dire que cette éducation n'est pas toujours rigoureuse. Les jeunes animaux qui naissent avec des défauts, une conformation vicieuse, ceux enfin qui n'ont pas toutes les qualités voulues pour constituer un jour un excellent animal de rente ou de travail, sont dès lors engraissés et vendus, soit dans la localité même, soit sur les marchés d'approvisionnement du grand centre de population le plus voisin.

Ainsi donc, on ne peut déterminer à l'avance la spéculation qu'il convient d'adopter. Les circonstances locales doivent avoir dans cette détermination plus de puissance que la volonté du cultivateur.

Quand aux veaux d'élevage, on ne peut, sur un simple calcul, les considérer comme inférieurs aux veaux d'engrais. Ils peuvent, tout aussi bien que ceux-ci, solder le lait à un prix satisfaisant. Et même si l'on considère l'allaitement de ces animaux, qui a lieu pendant plus longtemps et qui exige à une certaine époque un lait moins riche, on reconnaîtra, lorsqu'il s'agira de la fabrication du beurre, qu'ils peuvent être considérés comme plus avantageux que les veaux d'engrais.

§ 1. *De la pratique de l'Engraissement.*

L'engraissement de ces animaux, pour être lucratif, doit être rapide, et il s'obtient au moyen de diverses substances. Nous ne nous occuperons que du lait et de ses accessoires, puisqu'il s'agit de démontrer si ce genre d'industrie peut permettre l'entretien d'une grande vacherie dans les localités où la vente du lait est difficile à cause des débouchés.

La durée de l'engraissement du veau destiné à fournir de la viande de boucherie varie généralement entre 4 et 10 semaines, selon les intentions du cultivateur, les exigences de la consommation locale, le prix de vente du lait, la faculté organique du veau. Néanmoins cet engraissement s'effectue parfois avant l'âge de 4 semaines ; mais l'expérience démontre chaque jour qu'à cet époque de la vie, la viande ne possède pas toute la fermeté qu'il est possible d'espérer, qu'elle est moins nutritive, que le tissu cellulaire est trop flasque et que la graisse est peu abondante et peu compacte. Ce n'est réellement qu'à l'âge de 5 ou 6 semaines que le veau est réputé parfait, c'est-à-dire, que sa viande est de bonne qualité. Agé de plus de

10 semaines, le veau à une chair moins tendre, moins recherchée et moins blanche.

Toutes choses égales d'ailleurs, il ne suffit pas que le veau que l'on destine à la boucherie ait une viande ferme, il faut encore qu'elle soit bien blanche, pour qu'elle soit recherchée et approuvée par les consommateurs.

Voici la marche qui permet aux cultivateurs de satisfaire à toutes les questions du programme posé par la boucherie quelle que soit la localité :

Aussitôt leur naissance, les veaux sont ou éloignés de leur mère, et dès lors on les accoutume à boire et à ne pas téter, ou ils vivent avec elle.

Les raisons qu'on allègue en faveur ou contre ces procédés sont les suivants :

1° Les veaux qui ne tètent pas ne restent que très difficilement tranquilles; il est impossible de proportionner la quantité de lait avec autant de succès à la vigueur et à l'appétit du veau ; le jeune animal joue souvent avec la mamelle ou ne s'attache parfois qu'aux trayons d'un côté, et alors les autres, ceux du côté opposé, perdent leur lait et se tarissent.

2° Le veau apprend plus difficilement à boire qu'à téter, et pendant ce temps il ne croit pas ; le lait en passant des mamelles dans le sceau se refroidit et est moins naturel et moins nutritif pour le jeune auimal ; la succion excite l'insalivation et par conséquent favorise plus parfaitement la déglutition.

Quoiqu'il en soit de ces objections, il est évident que l'allaitement, dans la plupart des cas, est supérieur au procédé qui exige la séparation du jeune individu de la mère. Le veau tête à des moments qui sont plus en harmonie avec ses besoins, et la protection que la mère lui accorde semble augmenter d'une manière apparente son bien-être et son accroissement. Ici on ne force point la nature si sage et si prévoyante, on marche de concert avec elle; dans l'autre cas c'est un acte de barbarie que l'on commet et auquel l'homme ne peut que bien rarement suppléer victorieusement.

Lorsque les circonstances obligent à séparer immédiatement après la naissance, le veau de sa mère, il importe que celle-ci en soit très éloignée; qu'elle soit dans un bâtiment spécial, afin qu'elle n'agite point le veau par ses beuglements, et que celui-ci ne s'épuise pas en vains efforts pour téter.

Il est indispensable que le lait que l'on donne au veau lorsqu'on le sépare de la mère, soit donné par graduation, c'est-à-dire, proportionné à son âge, ses forces et son appetit; que ce lait soit très nourrissant, afin qu'il soit remplacé à propos lorsqu'il n'est pas chargé de principes alimentaires eu égard aux forces organiques de l'animal, par des substances farineuses.

Lorsque le veau doit rester auprès de sa mère, il est nécessaire, indispensable de le laisser téter jusqu'à satiété pendant les trois et quatre premières semaines qui suivent la naissance. C'est pour remplir cette condition impérieuse que vers les 20e, 30e jours, on laisse le veau téter par fois deux vaches, lorsque la mère ne lui fournit pas tout le lait qui lui est nécessaire.

A l'âge de cinq ou six semaines commence généralement l'affinage, c'est-à-dire le blanchiment. Pour obtenir ce résultat, on donne au veau des buvées composées de lait, d'eau de farine de froment et de quelques œufs : toutefois la substance farineuse n'entre que dans une faible proportion ; le lait constitue encore la base de la nourriture. Il est un grand nombre d'exploitations où les veaux ne reçoivent point de ces substances. Le lait seul constitue leurs boissons; mais, il faut le reconnaître, les animaux engraissés ainsi sont toujours inférieurs ; ils sont moins estimés sur les marchés d'approvisionnements, quoique leur viande soit de bonne qualité.

Nous ne rappelerons pas ici toutes les substances au moyen

desquelles on peut amener un veau à l'état d'embonpoint satisfaisant. Les pommes de terre cuites, la farine de lin, le gruau d'avoine, la farine de riz, le pain, sont des aliments qui ne peuvent être employés que lorsque le lait est insuffisant.

Quoiqu'il en soit, le veau dès sa naissance ou quinze jours après au plus tard, doit être muselé, afin qu'il ne puisse manger ou du foin ou d'autres substances fourragères, ces aliments étant tout-à-fait contraires à une blancheur prononcée de la viande.

Le veau, pendant les quinze premiers jours qui suivent sa naissance, n'augmente pas sensiblement en hauteur et en largeur; ses membres seuls prennent un peu d'accroissement.

Ce n'est ordinairement que pendant la 3e la 4e et la 5e semaine que la taille grandit sensiblement, que la graisse s'accumule à l'intérieur du corps sur les divers organes qui en sont ordinairement pourvus chez un animal gras. Passé cette époque, les formes extérieures se développent et s'arrondissent par le fait de la présence de la graisse sous la partie cutanée. C'est alors que l'on reconnait, en palpant la base de la queue, la partie postérieure de l'épaule, les reins, etc., l'état d'embonpoint de l'animal, que l'on peut dire si l'animal est demi-gras ou fin gras, ou enfin s'il ne tient pas encore un juste milieuentre ces deux états.

§ 2. *Dépenses et produit net de l'Engraissement. — Valeur que le lait conserve dans cette industrie.*

Pour établir les dépenses de l'engraissement des veaux, il faut considérer la valeur nutritive du lait pur et celle du lait écrêmé, puisque le cultivateur, d'après ce qui precède, possède plusieurs sortes d'engraissement. En effet, si la vente du lait est difficile, il peut réaliser sa valeur par l'intermdiaire du veau; de même qu'il peut aussi vendre à ces animaux, le lait crêmé qui résulte de la fabrication du beurre.

Si l'on considère la partie butireuse que comporte le lait, qui est en Bretagne de 10 à 12 p. %, on reconnaîtra, sans qu'il soit nécessaire que l'expérience vienne le constater, que l'oléine, la stéarine, etc. doivent avoir une action puissante sur la formation de la graisse et de la viande. En effet, le lait pur produit 1/10, 1/11, 1/12 de son poids de viande et de graisse sur un animal dans un parfait état normal; tandis que le lait écrêmé ne donne que 1/16, 1/17, 1/18, quoiqu'il renferme encore 7, 8 et 9 p. % de crême. On comprend dès lors quel important avantage doit résulter de la consommation du lait pur, et les heureux effets que l'on est encore en droit d'attendre du lait qui reste lors de la fabrication du beurre.

Donc, il résulte de ces chiffres que 100 litres de lait pur, en adoptant le terme le plus bas, produisent 1/10 de leur poids en viande, graisse, etc.; c'est-à-dire, que ces 100 litres qui représentent un poids de 100 kilog. favoriseraient le développement de 10 kilog. poids net. Or, si un veau de 1 mois par exemple, consomme 15 litres de lait ou 30 kilog. par jour, son augmentation journalière serait de 3 kilog. Mais ce résultat est-il confirmé par la pratique? S'il faut en croire les résultats obtenus et mentionnés par M. de Dombasle, un veau qui consomme six litres de lait par jour augmente de 5 à 6 kilog. par semaine, ce qui donne une production de 11 à 14 kilog. pour 100 kilog. lait pur. Nous avons obtenu ici sur des animaux appartenant à la race du pays, une augmentation de 10 kilog. pour 100 kilog. de lait consommé. Nous adopterons ce dernier chiffre dans l'évaluation des dépenses et produits de l'engraissement avec le lait pur.

Dépenses des Veaux engraissés avec le lait pur.

Nous n'évaluerons pas la valeur vénale du lait pendant les *quinze* jours qui suivent le part. Le prix des veaux qui est de 10 fr. par tête, et que nous avons porté au crédit du compte de la vacherie, comble cette valeur.

Nous avons donc pour la seconde quinzaine de l'allaitement les chiffres suivants :

15 jours à raison de 15 litres de lait....	225 litres.
Pour la 3e et 4e quinzaine............	540 —
Pour la 5e et 6e —	450 —
TOTAL DU LAIT CONSOMMÉ.........	1,215 litres.

Donc, si nous admettons, ainsi que nous l'avons expliqué précédemment, 11 veaux soumis chaque année aux effets de l'engraissement, au lieu de 12, nous aurons pour total du lait consommé par cette branche d'industrie 11 $\times$ 1215 litres............................. 13,365

Nous avons dit que le blanchiment ou affinage de la viande commence ordinairement vers la 6e et 8e semaine, et que la substance consommée était de la farine de froment. Si chaque tête en reçoit par jour en moyenne 0 kilog. 500, nous aurons pour la consommation totale de chaque tête 0,500 $\times$ 30 = 15 kilog. Or, 11 têtes consommeront pendant cette période 156 kilog. à 30 p. %.................. 46 fr. 80 c.

Les œufs consommés pendant les six premières semaines, afin de neutraliser à l'intérieur de l'estomac l'acidité produite par le sérum, ne s'élèvent pas par tête à plus de 3.

A reporter........ 46 fr. 80 c.

Report.	46 fr. 80 c.
Or, 3 × 45 jours = 135 × 11 têtes = 1485	
œufs ou 114 douzaines à 0,30	34 20
Total des déboursés argent	81 fr. » c.

Recettes de l'Engraissement avec le lait pur.

Pour connaître les recettes qu'on peut espérer, il est nécessaire d'établir quel sera le prix de vente des veaux après leur engraissement. Cette évaluation présente assez de difficultés; elle resulte de l'état d'embonpoint des veaux, de l'époque de la vente, de la stature des animaux, des lieux de consommation. Néanmoins, nous allons déterminer le poids auquel ces animaux peuvent atteindre, et nous comparerons les chiffres que nous aurons obtenus à ceux que renferment les statistiques officielles.

Nous avons déjà dit que 100 kilog. de lait pur produisent 10 kilog. de viande et de graisse ou suif. Or, comme chaque veau a consommé 1,215 litres de lait pur, ou 1,215 kilog., il en résultera qu'il aura augmenté pendant son engraissement de 121 kilog. (1). Ce chiffre, reparti sur les 75 jours d'engraissement, donne par jour une augmentation de 1 kilog. 612. Ce résultat paraîtra un peu élevé. Mais il ne faut point oublier que nous confinerons les veaux à l'étable pendant trois mois, alors que dans cette province on est dans l'habitude de les livrer à la consommation 15 jours, trois ou

(1) A deux mois et demi, dit M. Delafond, les veaux du Gatinais pèsent de 50,60 à 70 kilog. viande nette. C'est le plus ordinaire. Beaucoup pèsent, à trois mois, de 150 à 160 kilog. J'en ai vu un qui, à quatre mois, pesait 168 kilog. (1842 à 1843, *Voyage dans l'Orléanais*).

six semaines au plus après leur naissance. D'un autre côté, ces animaux sont des individus d'une stature plus élevée que ceux que l'on possède généralement.

Toutes choses égales d'ailleurs, ces chiffres resteront les mêmes si nous adoptons une taille ordinaire et une nourriture moins copieuse. Ainsi, supposons que le veau n'ait consommé, pendant les trois mois de son engraissement, que les $^2/_3$ de la quantité consommée dans le premier cas, c'est-à-dire 810 litres de lait. Ce nombre nous représentera d'après les chiffres que nous avons admis, une augmentation de 81 kilog. de viande et de graisse. Si ce chiffre était aux yeux de quelques uns encore trop élevé, il nous serait facile de rentrer dans les données qu'obtient chaque jour la pratique de nos contrées. Ainsi supposons qu'un veau pèse à sa naissance 15 kilog. : si pendant quatre semaines il ne consomme que du lait pur dans la proportion de 8 litres par jour, à la fin de l'engraissement il aura augmenté de 22 kilog.; son poids total sera donc :

1° Pour les 22 kilog. de viande qui existent dans la proportion de 60 p. °/₀ du poids vivant, ...	36 kilog.
Poids primitif	15
TOTAL DU POIDS BRUT (1)......	51 kilog.

Le *poids net* sera donc, d'après la proportion que nous venons de citer, de 30 kilog.

La statistique ministérielle porte le poids moyen des veaux dans les départements :

(1) Le poids des veaux gras de la commune de Louargot, si renommée dans ce genre d'industrie, sont estimés sur pied, pour un veau gras de trois mois, 100 kilog.; pour un veau de six semaines, de 35 à 60 kilog.; pour un veau d'un mois, bien nourri, de 35 à 40 kilog. (*Agriculture des Côtes du Nord*, par M. Sainte-Marie, pag. 315.)

Ille et-Vilaine..	à	20	kilog.
Côtes-du-Nord..	»	20	—
Finistère......	»	21	—
Morbihan......	»	19	—
Loire-Inférieure	»	26	—

On sait que les veaux livrés à la consommation dans les villes de la Bretagne, n'ont pas toujours consommé 224 litres de lait.

Ainsi donc, nous persistons dans les chiffres que nous avons primitivement posés, et qui nous permettent de conclure que quel que soit le nombre des veaux soumis aux effets de l'engraissement, les 13,365 kilog. de lait peuvent produire 1,336 kilog. de viande, qui doivent être évalués d'après la moyenne des chiffres suivants :

Ille-et-Vilaine.........	0 fr.	45 c.	le kilog.
Côtes du nord....... ...	0	50	—
Finistère............	0	75	—
Morbihan............	0	55	—
Loire-Inférieure.......	0	65	—
Prix moyen......	0 fr.	58 c.	le kilog.

Donc 1,336 kilog. viande à 0,58.....	774 fr. 88 c.
De cette somme il faut déduire celle représentant la valeur de la farine de froment et des œufs....................	81 »
Ce qui donne pour produit net.....	693 fr. 88 c.

Si nous divisons ces 693 fr. 88 par le nombre de litres de lait pur (13,365) le lait se trouve vendu à raison de 0,05 $^{19}/_{100}$ le litre. M. de Dombasle n'a obtenu que le chiffre de 0,05 et M. Félix Villeroy celui de 0 05 $^{50}/_{100}$.

Nous ne nous occuperons pas des 6,675 litres de lait qui n'ont point été consommés par les veaux. Il nous suffit d'avoir démontré à quel prix le lait est payé par l'intermédiaire des veaux d'engrais. Pour réaliser leur valeur ou les utiliser, on peut ou se procurer des veaux du dehors âgés de 15 jours ou les livrer à la fabrication du beurre.

Examinons maintenant l'engraissement avec ce qui reste après la fabrication du beurre.

Dépenses des Veaux engraissés avec le lait écrêmé.

Pour établir nos calculs, nous suivrons la même marche que pour l'engraissement avec lait pur. Donc, la quantité de litres de lait que ces mêmes veaux consomment s'élèvera à 13,365 litres, et les dépenses pour l'affinage à la somme de 81 fr.

Recettes de l'Engraissement avec le lait écrêmé.

Suivant les chiffres que nous avons posé, 100 litres de lait écrêmé ou 100 kilog. produisent 6 kilog. de viande.

Donc, 13,365 litres ou kilog. doivent produire 801 kilog. de viande à 0,58 .... 464 fr. 58 c.

A déduire des dépenses mentionnées ci-dessus.............................. 81 »

Le produit net est donc.......... 383 fr. 58 c.

Ce qui donne pour chaque litre de lait écrêmé 0,02 $^{87}/_{100}$

Il résulte donc des chiffres qui précèdent, que chaque veau nourri au lait pur aurait une valeur de 63 fr. 08 ; que les individus engraissés avec le lait écrêmé devraient être vendus

34 fr. 81, pour que les chiffres conservassent leur caractère de vérité.

On s'étonnera peut-être de voir figurer au débit de ces comptes les dépenses de l'affinage, puisque nous n'avons évalué aucune augmentation en viande pour la farine consommée. Nous avons pensé qu'il était de toute impossibilité de prendre en considération la plus-value qui pourrait résulter de la consommation de ces aliments, qui sont principalement destinés à blanchir la viande, plutôt que d'augmenter son poids. Toutefois, il faut reconnaître que si sous ce rapport, il est vrai qu'elles peuvent aussi augmenter la masse du corps, on ne peut, sans tomber dans l'erreur, admettre qu'il y ait encore vers la fin du troisième mois augmentation de 10 à 15 p. % du poids de lait. A cette époque, les organes n'existent pas dans un état normal parfait; ils s'approprient mal les substances avec lesquelles ils sont en contact. Aussi est-il certain qu'arrivés à cet état, les veaux ne peuvent plus, avec profit, séjourner encore à l'étable. Ainsi donc, si d'un côté il y a augmentation, de l'autre il y a stagnation, et dès lors la progression de développement que nous avons admise reste toujours la même. Pour qu'on ne puisse nous imputer aucune prédilection en faveur de telle ou telle spéculation, et pour rester dans les limites du vrai, si tel est que le veau augmente plus spécialement sans l'influence de la substance farineuse, nous rétablirons les calculs comme suit :

1° 1,336 kilog. viande 0,58.......... 774 fr. 88 c.

Ce qui donne pour la valeur de chaque litre de lait pur, 0,05 $^{79}/_{100}$

2° 801 kilog. viande à 0,58.......... 464 58

Ce qui donne pour la valeur de chaque litre de lait écrêmé, 0,03 $^{47}/_{100}$

Examinons maintenant quelle doit être la situation du

compte de la vacherie. Nous négligerons le fumier produit par les veaux.

Si les 20,040 litres purs sont consommés par les veaux à l'engrais, nous aurons pour chiffre représentatif de leur valeur les résultats suivants :

100 litres de lait : 10 kilog. de viande : : 20,040 : x. D'où

$x = 2,004$ kilog, à 0,58	1,162 fr.	32 c.
Il existe donc une perte de	958	48

Si nous nous bornons à engraisser les veaux que nous donne la vacherie, les comptes sont moins défavorables, puisque nous pouvons d'une part nous livrer à la fabrication d'une certaine quantité de beurre, et engraisser néamoins quelques veaux étrangers avec le lait écrémé.

Nous avons pour résultat le compte suivant :

1,334 kilog. de viande à 0,58	774 fr.	88 c.
Le reliquat du lait, les 6,685 litres donneront 278 kilog. beurre à 1 fr. 35	375	30
5,623 litres de lait écrémé à 0,2 87/100 . . .	161	40
TOTAL DES PRODUITS	1,311 fr.	58 c.
Le déficit, quoique moins sensible que dans la supposition précédente, est encore de	709	22

Ces sommes élèvent la valeur du fumier, dans le premier cas, de 0,60 à 1 fr. 22 les 100 kilog. ; la seconde hypothèse, de 0,60 à 1 fr. 05 les 100 kilog.

En considérant ce dernier chiffre comme réel, c'est-à-dire comme admissible, la valeur du fumier, pour que le crédit du compte de la vacherie fut balancé par le débit, s'élèverait à 1,623 fr. 30, laquelle somme, répartie annuellement sur les 34 hectares en culture, donnerait celle de 17 fr. 74.

M. de Dombasle porte à la culture du froment, pour la valeur du fumier........	74 fr. 36 c.
A la culture de la betterave..........	78 50
A la culture du colsa...............	64 48
Ce qui donne en moyenne par hect....	72 fr. 44 c.

Or, comme à Roville, la voiture de fumier de 600 kilog. est évaluée 5 fr., cette somme suppose une fumure de 14 voitures à l'hectare en moyenne, ou 8,400 kilog. D'après les chiffres que nous avons posés, la production du fumier, par la vacherie qui nous sert de base, s'élève à 154,600 kilog. Ce qui donne par hectare, et par an, une fumure de 4,500 kil. Il existe donc une simillitude très-sensible entre ces deux résultats, et les chiffres que nous exprimons doivent être considérés comme vrais. A Roville, le fumier a une valeur de 0,83 les 100 kilog., et nous lui attribuons pour le même poids celle de 1 fr. 05.

CHAPITRE IV.

DU FROMAGE.

Considérations générales sur cette industrie.

Diverses tentatives ont été faites dans ces dernières années, en Bretagne, pour introduire la fabrication du fromage, et aucune d'entre elles n'a donné de résultats satisfaisants. Cette non réussite résulte de la fausse direction que l'on avait choisie. Le lait de cette contrée est chargé d'une quantité trop considérable de matières butireuses pour que la fabrication du fromage de Gruyère et même de Hollande puisse être favorable. En effet, les fromages façon de Gruyère que l'on fabriquait il y a quelques années près de Redon, se vendaient difficilement. La pâte de ce fromage avait trop de consistance, elle n'était ni moëlleuse, ni délicate, ni assez clair-semée de grands yeux. En vieillissant elle conservait la fermeté qu'elle possédait immédiatement après la confection; tandis que les véritables fromages de gruyère jaunissent, perdent de leur consistance, s'émiettent, se brisent avec l'âge.

Mais cette non réussite de fabrication n'est pas la seule cause qui ait arrêté l'avenir que peut avoir l'industrie des fromages en Bretagne. La nourriture des habitants, leur manière de vivre, la qualité du beurre et la facilité avec laquelle il se vend sur tous les points de la province, l'impérieuse galette de sarrasin qui apparaît chaque matin sur la table de l'ouvrier des villes et sur celle du laboureur, sont des obstacles non moins puissants. En effet, la nourriture du paysan breton se compose principalement de galette et de beurre, et celui-ci joue un très-grand rôle sur la table des classes aisées.

Pour que l'industrie fromagère conservât un espoir de succès, il faudrait non-seulement que la classe moyenne prît en faveur les fromages locaux, comme elle accepte par fois celui de Hollande; mais il importerait que la classe ouvrière des villes et des campagnes prît en faveur un tel aliment. Malheureusement les fromages sont d'un prix trop élevé, qui ne répond pas au salaire des travailleurs, quels que soient ces fromages d'ailleurs. Le beurre, les sardines sont, pour ainsi dire, les seuls aliments que la classe inférieure puisse posséder une grande partie de l'année pour quelques-uns de ces repas, à cause de la modicité de leur valeur. Aussi résulte-t-il de ces faits, qui sont connus de tous, que la fabrication du fromage ne pourra être regardée comme pouvant être une industrie locale, que lorsque les choses auront été changées.

Mais ces considérations générales comportent quelques exceptions; et on commettrait une erreur grave, si l'on considérait toutes les localités de Bretagne en dehors de la fabrication du fromage. Plusieurs populations rurales de cette province ont déjà changé leur manière de vivre, et cela, parce qu'elles se trouvent situées aux alentours de grands centres de population, ou parce que le sol sur lequel elles exercent leur industrie est arrivé à un degré de fertilité très-prononcé. Ainsi, elles fabriquent pour elles, ou pour les conduire au sein des villes, des fromages blancs, qui ne sont autres, la plupart du temps, que du lait caillé privé de sérum. Ces sortes de fromages se vendent assez facilement, soit à Nantes, à Châteaubriand, etc., ainsi que le caillé cuit ou *caillebotte*, et à des prix très-modiques. Et c'est ce faible prix qui ne permet pas d'augurer favorablement de l'industrie fromagère proprement dite, qui ne peut vendre ses fromages moins de 0,80 à 0,90 le kilog.

Mais il faut le reconnaître, si ces derniers fromages sont d'une vente difficile au sein des petites villes, si leur prix ne répond pas à l'aisance des classes inférieures et au salaire des ouvriers, ils ont un avantage immense sur ceux que l'on vend sur quelques points de la Bretagne : c'est qu'ils se conservent pendant plusieurs mois et qu'on peut les transporter à de grandes distances avec succès.

Il est une autre cause qui doit être associée à celles qui arrêtent le développement de cette industrie : je veux parler des hommes versés dans la pratique de cet art. En effet, c'est en vain qu'un propriétaire ou cultivateur voudrait créer sur son exploitation une industrie de cette nature, si lui-même n'a pas toute l'intelligence qu'il faut déployer pour arriver à des résultats satisfaisants. Les hommes et les femmes de la Bretagne ne connaissent que la fabrication du beurre, et on sait que celle-ci est d'une exécution assez facile, qu'elle exige plutôt de l'habitude que du savoir. C'est à cause de cette absence de connaissance spéciale de la part des habitants de notre province, que M. Rieffel s'est trouvé dans la nécessité d'avoir recours à une famille du département de l'Orne, lorsqu'il a créé la fabrique de *fromage façon Camambert*, qui existe sur le domaine de *Grand-Jouan*. Il en sera de même toutes les fois qu'il sera question, en Bretagne, d'élever des fromageries quelles qu'elles soient. On sera obligé d'avoir recours à des familles habitant la localité qui produit le fromage que l'on veut imiter.

Si l'on excepte quelques localités privilégiées, on peut dire qu'un très-grand nombre de fabriques de fromage n'auraient en Bretagne qu'un avenir très-limité, à moins toutefois que les fabrications fussent très-différentes et que les produits fussent remarquables sous tous les rapports. Et d'ailleurs même, en admettant que la fabrication du fromage de Gruyère fut possible, il faut reconnaître que ce produit aurait une rude concurrence à soutenir. Les fromages de Hollande, ceux de Gruyère auront toujours la prééminence, tant à cause de leur qualité que de leur prix de vente.

Il est difficile de préjuger quel pourra être l'avenir, en Bretagne, de quelques-unes des fabrications françaises. Cependant, si nous prenons en considération et les qualités du lait et les habitudes des populations, nous croyons pouvoir avancer que les fromages maigres et gras sont les seuls qui peuvent offrir de l'intérêt, en raison de la facilité des procédés de manutention. Les fromages que nous regardons d'une fabrication possible sont les suivants :

1° Fromage mou ou maigre,
2° Fromage gras de Fertois (Sarthe),
3° id. id. de Neufchâtel.

§ 1er. *Fromage mou ou maigre.*

La fabrication de ce fromage est simple. On le désigne sous le nom de fromage maigre, parce qu'il se fait avec du lait caillé qui préalablement a été écrêmé.

Lorsque le lait est coagulé, soit naturellement, soit par le concours de la présure, et qu'il a été dépouillé de la crême, on remplit une *éclisse*, ou *cageron*, ou *moule*, de caséum au moyen d'une grande cuillère en bois ou d'une écrêmette, en évitant autant que possible de le diviser.

Lorsque les éclisses sont remplies, on les place sur des tables de pierre ou d'orme, sur lesquelles existent des rainures nombreuses et profondes, ou sur des baguettes qui reposent sur un vase quelconque. Dès lors le petit lait s'égoute, et à mesure que le caillé s'affaisse, on ajoute de nouveau caséum. Quand le caillé qui est dans le moule a de la consistance, et qu'il remplit celui-ci à moitié, on cesse de charger. Le lendemain et même parfois le soir, si le travail a été exécuté pendant la matinée, le fromage peut être consommé ou vendu. Alors on renverse avec précaution l'éclisse sur une tournette en osier qui reçoit le fromage. Celui-ci doit avoir de 0,08 à 0,10 d'épaisseur, et son poids varie suivant le diamètre de la forme. Un fromage de 0,15 de diamètre et de l'épaisseur que nous venons d'indiquer, pèse 1 kilog. à 1 kilog. $^{1}/_{2}$, suivant son degré d'humidité.

Le prix de vente de ces fromages maigres est assez variable. On les vend 15, 20 et 25 centimes, selon leur volume, les circonstances et l'acheteur.

Pour que nos calculs concordent avec les résultats que l'on peut espérer, nous supposons le prix de vente à 0.15.

Donc, si *un* litre de lait écrémé donne en moyenne 0,500 grammes de lait caillé égouté, il résultera que les 16.860 litres de lait écrémé résultant de la fabrication du beurre, donneront 4,215 kilog. de fromage ou caillé.

Si chaque fromage pèse 1 kilog. $^{1}/_{2}$ nous aurons pour la vente 2,810 fromages qui, à 0,15 pièce, donnent la somme de . . . . 421 fr. 50 c.

Il nous reste à évaluer le petit lait ou sérum qui est de 10,518 litres, lesquels seront consommés par les cochons. Nous évaluerons le litre à 0,02 soit 105 09

TOTAL DES DÉPENSES 526 59

La fabrication du fromage maigre réduit donc les pertes résultant de la fabrication du beurre à 265 fr. 37 c., et solde le litre de lait écrémé à 0,03 $^{12}/_{100}$

§ 2. *Fromage gras façon Fertois.*

Ce fromage se fabrique et se vend dans tout le canton de la Ferté Bernard (Sarthe), et il est très estimé. Voici comment on le fabrique.

Après qu'on a trait les vaches, on coule le lait, et on le met à cailler au moyen de présure, sans le dépouiller de sa crême et sous l'influence d'une douce chaleur. La présure employée est de 40 à 50 grammes par 100 litres.

Lorsque le caillé est bien formé, on en remplit les moules qui sont en bois de hêtre et haut de 0,18 à 0,20 c., ou des pots de terre percés de petits trous que l'on appelle *facelles.* Le petit lait s'égoutte et force dès lors le caillé à se masser. Cet égoutage dure ordinairement de quatre à cinq jours.

Pendant cette opération le caillé diminue de volume ; il s'affaisse et on le retourne de temps en temps, afin de faciliter de plus en plus l'écoulement du sérum.

Dès que le petit lait paraît épuisé et que le fromage a une bonne consistance, on procède à la salaison, puis on met les fromages à sécher sur des paillassons de joncs. Après 10, 15 et quelque fois 20 jours, on les retire de dessus les clayons de joncs et on les place sur de la paille de froment neuve, dans un local spécial où la température n'est ni trop élevée ni trop froide.

Pendant le temps que dure leur dessication, les fromages sont humectés d'eau salée deux fois par semaine, jusqu'à ce que le blanc de la pâte soit complètement ou du moins en grande partie jaunâtre et recouvert d'une pellicule rougeâtre et lisse.

On a soin aussi de les retourner de temps à autre, de renouveler la paille et de reculer chaque jour les anciens fromages vers le fond de la chambre, afin que les nouveaux fromages confectionnés soient en contact direct avec l'air pendant plusieurs jours.

Quand à l'affinage, il a lieu promptement en couvrant les fromages d'une toile épaisse et en les plaçant dans un endroit où l'air conserve une certaine quantité d'humidité. Une cave ou une salle basse est très convenable pour cette modification. En général les fromages y gagnent plus de force et plus d'odeur.

Lorsque ces fromages sont faits, ils ont environ 0,030 à 0,040 d'épaisseur sur 0,10 à 0,15 de diamètre. A l'état frais, mais parfaitement égouttés, ils pèsent de 0,330 à 0,360 grammes, et après leur confectionnement de 0,200 à 0,260 grammes.

Recettes.

La vacherie qui produit annuellement 20,040 litres de lait, permettera la fabrication de 12,024 fromages, lesquels peuvent être vendus 40 fr. le %, ou 0,40 la pièce, ce qui donne la somme de.	4,809 fr. 60 c.
12,550 litres de petit lait, lesquels seront consommés par les porcs, à 0,02 le litre. . .	251 »
Total des recettes.	5,060 fr. 60 c.

Dépenses.

Salaire de la fromagère : 365 jours × 1 fr. 25	455 fr. 25 c.
120 kilog. de sel (1 kilog. par 100 fromages) à 40 fr. les 100 kilog.	48 »
A reporter.	503 fr. 25 c.

Report...............	503 fr. 25 c.
Intérêt et entretien de la fromagerie.....	50 »
— du mobilier........	100 »
Frais à la vente, improvidités, déchets (1), etc....	602 »
TOTAL DES DÉPENSES.......	1,207 fr. 25 c.

Il reste donc pour bénéfice net la somme de 3,933 fr. 35 c.

Si l'on déduit de ce résultat les dépenses de la vacherie, celle-ci présente un bénéfice de.................................. 1,912 55

Dès lors cette fabrication a soldé le litre de lait à 0,19 $^{62}/_{100}$.

§ 3. *Fromage gras, façon Neufchatel.*

Les fromages de Neufchatel sont désignés sous le nom de *bondons* à cause de leur forme cylindrique.

La manipulation de ce fromage n'est pas très difficile, mais elle exige une très grande propreté, de la célérité, de l'exactitude et une connaissance parfaite de l'art. Voici le détail des procédés qui se suivent pour la fabrication de ces fromages.

Aussitôt que les vaches sont traites, on apporte le lait immédiatement dans des *houles* de terre à deux anses contenant environ 20 litres. On ajoute 8 grammes de présure, après quoi on place les houles dans des caisses sur lesquelles on jette une ou deux couvertures de laine. Le surlendemain matin on retire le caséum des pots de terre et on le met dans

(1) Je porte le déchet à 5 p. %. Cette perte donne donc la somme de 240 fr. 40 c. J'évalue ensuite les frais de vente à 2 fr. pour 100 fromages, ce qui donne la somme de 240 fr. 40 c.

des paniers en bois garnis en dedans d'une toile claire et très blanche. Ces moules sont placés sur les éviers ou table à égoutter, et ils y séjournent toute la journée pour que le petit lait puisse s'écouler.

Le soir du jour où a lieu cette manipulation, on retire la masse caséeuse des paniers, en soulevant les quatre coins de la toile. Celle-ci est repliée sur elle-même de manière à ce qu'elle enveloppe complètement la matière, puis elle est placée sous une presse où elle séjourne jusqu'au lendemain matin. Alors on place le caillé sur un linge sec et très propre, où on le pétrit, le façonne, le frotte en tous sens. Cette opération à pour but de mêler intimement et les parties butireuses et les parties caséeuses, c'est-à-dire, de rendre la pâte parfaitement homogène et moëlleuse comme celle du beurre. Si cette pâte est trop molle, on change encore de linge; si au contraire elle est trop sèche, trop cassante, on y mêle quelque peu de caséum qui égoutte dans les paniers. Quoiqu'il en soit, il importe de bien purger le sérum. Lorsque la pâte, après avoir été ainsi travaillée, n'est ni trop sèche ni trop molle, on s'occupe du moulage. On fait alors des pâtons un peu plus gros que les moules, et on les introduit dans ceux-ci en ayant soin que les pâtons dépassent aux deux extrémités. On pose le moule, qui était dans la main gauche, sur la table. Avec la paume de cette main, on appuie fortement de manière à faire sortir par dessus et par dessous le moule l'excédant de pâte qu'il ne peut contenir, afin qu'il ne se trouve aucun vide à l'intérieur. On râcle ensuite avec un couteau en bois le dessous et le dessus du moule, puis on fait sortir le fromage en ayant le moule dans la main droite, en le frappant légèrement et en le retournant dans la main gauche.

A la sortie du moule, le fromage pèse de 120 à 130 grammes, et il résulte de 75 centilitres de lait pur. C'est alors qu'on le soupoudre de sel très fin et très sec à ses deux extrémités, en le tenant entre les deux mains, et ce qui reste dans celles-ci suffit pour le tour. La quantité de sel nécessaire pour saler 100 fromages est de $^1/_2$ kilog. Au fur et à mesure qu'on opère la salaison, les fromages sont placés sur une planche qu'on dépose ensuite sur les éviers. Là, ils s'égouttent pendant 24 heures, après quoi on les porte sur des claies ou chassis à claire-voie couverte d'un lit de paille fraiche. Les fromages sont alors couchés par rangs égaux, en travers du sens de la paille, près les uns des autres.

Ils restent ainsi, dans le même endroit, pendant 15 jours ou trois semaines, et on les retourne de temps à autre pour qu'ils n'adhèrent point à la paille. Lorsqu'ils ont un velouté bleu assez prononcé, on les transporte dans un local spécial que l'on appelle *chambre d'affinage* ou *chambre d'apport*; là on les met sur bout, sur des claies garnies de paille, et on les retourne encore de temps en temps. Après trois semaines ou un mois de séjour dans ce local, on voit paraître des boutons rouges à travers leur peau bleue. Le moment de les mettre en vente est arrivé. Pour qu'ils puissent être mangés, il faut encore une quinzaine de jours d'affinage.

Toutes choses égales d'ailleurs, cette fabrication, ainsi que l'a démontré M. Briaune, n'exige pas un grand concours de personnes si celles-ci sont habituées à la direction, à la manipulation de toutes les opérations nécessaires. Une femme très-versée dans cette fabrication peut conduire une fabrication dé 100 à 150 fromages en été, et celle de 150 à 200 au printemps et en automne, par jour. Ces fromages que l'on vend facilement et à Nantes et à Rennes, etc., ont des qualités que ne possèdent pas tous les autres fromages. Ils se comportent parfaitement avec quelques soins et de l'attention, et leur pâte qui est jaune-brun, d'un goût très-agréable, se laisse couper et étendre comme du beurre.

Dépenses de fabrication.

Nous avons dit qu'un fromage façon de Neuchâtel, du poids de 120 à 130 grammes, était le résultat de 75 centilitres de lait. Il résulte donc de cette base que les 20,040 litres de lait fournis par la vacherie doivent donner 26,720 fromages. Cette production est inférieure aux résultats obtenus par M. Desjobert, qui a fabriqué 64,639 fromages avec 44,550 litres de lait.

Frais de fabrication pour 100 fromages ou par chaque 150 litres de lait.

On évalue dans le pays de Bray cette dépense à 1 fr. 50, et nous avons déjà porté aux dépenses de la vacherie les gages d'une vachère, qui pourra dans bien des cas seconder la fromagère : ce qui donne pour 20,040 litres de lait la somme de 200 fr. Mais cette industrie n'est pas le partage des habitudes des populations bretonnes ; il s'ensuit qu'il faut avoir recours à des fromagères spéciales et porter la somme totale du salaire de l'année à | 456 fr. 25 c.

de l'année à	456 fr.	25 c.
Entretien des bâtiments	50	»
Entretien et intérêt du mobilier	100	»
133 kilog. de sel à 40 fr. les 100 kilog.	53	»
Frais à la vente, improvidités, déchets, etc.	602	»
TOTAL DES DÉPENSES MONÉTAIRES	1,261 fr.	25 c.

Recettes de vente.

Nous n'adopterons pas le prix auquel se vendent en Bretagne les fromages Neufchâtel; il nous parait trop élevé. D'ailleurs, il résulte de l'éloignement du lieu de fabrication, par conséquent des frais de transport et des avaries qu'éprouve l'entrepositaire. Pour que nos calculs puissent être regardés comme exacts, nous prendrons le prix auquel se vendent ces fromages dans les pays de production. Ce prix s'élève à 12 et même 15 fr. le cent en moyenne. Nous adopterons le chiffre 12. Ainsi donc nous aurons pour la valeur des 26,620 fromages une recette s'élevant à la somme de......... 3,206 fr. 40 c.

12,550 litres de petit lait à 0,02....... 251 »

3,457 40

Si nous déduisons de cette somme les dépenses qui s'élèvent à................. 1,261 45

il restera pour produit net............. 2,195 fr. 95 c.

Si l'on déduit de ce chiffre les dépenses de la vacherie, celle-ci offrira un bénéfice de................175 fr. 25 c.

Le lait converti en fromage façon de Neufchâtel se vend donc 0,10 $^{95}/_{100}$ le litre. D'après M. Briaune, les fabriques de fromage de la vallée de Bray soldent le lait à 0,11 le litre.

CHAPITRE V.

COMPARAISON DES 4 GENRES
DE SPÉCULATIONS.

Pour que l'œil puisse saisir avec promptitude le résultat de la comparaison des quatre spéculations que nous avons examinées, nous rappellerons le bénéfice ou la perte des comptes, le prix de vente du lait, la valeur du fumier.

Profits.

VENTE DU LAIT.

Si le lait est vendu 0,20 le litre, le bénéfice de la vacherie s'élève à.............................. 1,977 fr. 20 c.

Si la vente a lieu à 0,15 le litre, le produit sera de.......................... 986 20

FABRICATION DU FROMAGE.

Par la fabrication du fromage façon Fertois (Sarthe) ou Camambert, la vacherie présente un bénéfice de....... .... 1,912 55

Par la fabrication du fromage façon Neufchâtel, la vacherie offre un bénéfice de..... 175 25

Pertes.

FABRICATION DU BEURRE.

Le beurre vendu 1 fr. 35 c. le kilog. ne peut couvrir les dépenses de la vacherie, quoique la valeur du lait de beurre et du lait caillé ait été portée aux recettes. La perte est de.............................. 454 fr. 75 c.

ENGRAISSEMENT DES VEAUX.

L'engraissement des veaux avec le lait pur laisse le compte vacherie en perte de...... 980 70

Celui exécuté au moyen du lait caillé ou écrêmé, un déficit de................ 308 07

VALEUR DU LAIT.

Par la vente, le lait a une valeur de... F.	0,20	le litre.
Par — — —	0,15	
Par la fabrication du beurre, celle de....	0,07	81/100
Par l'engraissement des veaux, celle de...	0,05	80/100
Par la fabrication du fromage Fertois, celle de..................................	0,19	62/100
Par la fabrication du fromage Neufchâtel, celle de............	0,10	95/100
Par la fabrication du beurre et l'engraissement des veaux, celle de..............	0,08	54/100

VALEUR DU FUMIER.

Par la vente du lait, les 100 *kilog.* de fumier ont une valeur de............... F. 0,60 le kilog.

Pour qu'il n'existe aucune perte dans la fabrication du beurre, il faut que la même quantité de fumier ait une valeur de.... F. 0,89 le kilog.

Pour que par l'engraissement des veaux, le compte de la vacherie n'offre aucune perte, il faut que le fumier ait une valeur de..... 1,23

Lorsque l'engraissement a lieu avec le lait écrêmé, etc., le fumier revient à......... 0,79

Par la fabrication du fromage de Fertois, le fumier conserve sa valeur, celle de...... 0,60

Par celle du Neufchâtel, il a aussi une valeur de.......... 0,60

CHAPITRE VI.

DE LA LAITERIE.

Sous le nom de laiterie on désigne le local où l'on dépose et conserve le lait et le beurre.

Ce bâtiment rural exige un emplacement spécial. Il doit être situé dans un endroit sec et aéré, et éloigné autant que possible de lieux infects et miasmatiques.

§ 1. *Des Ustensiles.*

1° Seaux et Baquets, ou vases à traire et à transporter le Lait.

1° Les *seaux en bois blancs* sont avantageux à cause de leur durée, néanmoins ils ont l'inconvénient de ne pouvoir être tenus toujours parfaitement propres;

2° Les *vases en grès*, *en terre* sont excellents lorsqu'ils sont bien vernis, mais ils sont trop fragiles;

3° Les *vases en cuivre* doivent être abandonnés, ils exposent à de grands dangers;

4° Ceux en *fer-blanc* sont ceux que l'on doit préférer, à condition qu'ils seront toujours maintenus très propres et qu'ils seront étamés chaque année ; car dans les angles et les coins, le fer se découvre et se rouille aisément.

2° Vase à couler le lait.

Dès que le lait arrive à la laiterie, on vide le lait que contiennent les seaux à traire, dans des pots ou des vases, en le faisant passer à travers un couloir ;

Les passoirs les plus simples sont en fer-blanc ou en tissu de crins ou de toile ;

Le crin est supérieur à la toile et au fer-blanc. Il n'a pas, comme la première, l'inconvénient de contracter un mauvais goût en s'encrassant, et, comme le second, celui de se rouiller.

3° Vases à contenir le lait.

La crême monte plus promptement et plus complètement à la surface du lait dans les vases plus étroits à leur fond qu'à leur superficie, ou dans des vases plats.

Toutefois, il est certain que les vases un peu profonds, les pots en grès, par exemple, conviennent mieux en hiver, et que les vases plats sont d'un emploi plus avantageux en été, époque où le lait se caille souvent avant que la crême ait eu le temps de se séparer du lait.

Les vases plats qui nous ont donné les résultats les plus avantageux, sont les terrines normandes. Ces vases ont un rebord épais, afin qu'on puisse les saisir avec facilité, et toujours ils ont un bec qui sert à écouler le lait. Lorsque ces terrines sont communes, il est nécessaire qu'elles ne soient pas vernissées. Il n'en est pas ainsi de celles en grès confectionnées avec soin : le vernis devient utile, et jamais il n'offre de dangers. Le vase plat est en poterie de choix, et il est destiné à remplacer les vases plats en plomb et en zinc, proposés dans ces dernières années, et que l'on doit abandonner à cause des nombreux inconvénients qu'ils possèdent. Le seul métal qu'on puisse employer dans cette circonstance est l'étain. La ferme de l'abbaye de Meilleraye a depuis longtemps reconnu sa supériorité; mais il est d'un prix trop élevé pour qu'une exploitation ordinaire possède des vases de cette nature.

4° Vases ou Ustensiles en usage dans la Fabrication du Beurre.

Les ustensiles employés dans la fabrication du beurre sont peu nombreux. Avant les barattes, dont nous avons dit un mot, pages 37 et 38, existe un vase important, je veux parler de la *crémière* ou *potine*. Celle que l'on possède en Bretagne est parfaite : la hauteur est bien, et elle permet à la crême de se conserver fraiche pendant plus longtemps que lorsque le vase est plat ou peu profond. Après cet instrument, vient une grande sébile en bois, que l'on nomme *gède*. Elle sert à *élaiter* le beurre, après sa sortie du ribot. Cette gède doit être accompagnée d'une grande cuiller en bois. C'est au moyen de ce dernier instrument que l'on exécute la séparation du lait de beurre, en pétrissant le beurre dans de l'eau fraîche, c'est-à-dire, en le battant dans la gède. Cette opération, pour être bien faite, exige de l'habitude, de la dextérité. Lorsque pendant les grandes chaleurs, le beurre est trop mou, on retarde l'opération pour ne l'exécuter que le soir ou le matin de bonne heure, ce qui vaut mieux. Il faut, pour que cette opération s'exécute promptement,que le beure soit coupé avec la cuiller qu'on trempe sans cesse dans l'eau, afin que le beurre n'y adhère pas. Quand le délaitage avance, on le sale; puis, lorsqu'il est terminé, on lui donne la forme d'une borne ou d'un pavé, à laquelle on donne le nom de *coin* ou *moche*. Lorsque celle-ci est terminée, on la lamine, on la dore, on la glace en passant et repassant la cuiller trempée dans de l'eau chaude ou froide, sur toute la surface.

§ 2. *Soins et tenue de la Laiterie.*

La propreté, dans une laiterie, est une chose de première importance. Sans elle, il est bien rare que le lait et le beurre n'éprouvent pas des altérations sensibles : aussi ne doit-on éviter ni peine, ni soins, pour que la propreté la plus minutieuse règne partout et toujours.

Le nettoiement des ustensiles exige quelques précautions qu'il est nécessaire de rappeler. Une des conditions les plus importantes, c'est que le lavage des vases quels qu'ils soient, soit exécuté au dehors de la laiterie. On a constaté que la vapeur de l'eau chaude nuit considérablement au lait. Après que tous les ustensiles dont on s'est servi ont été échaudés et frottés avec une brosse en chiendent ou un petit balai de bruyère, on les rince avec de l'eau pure et froide, on les essuie avec un linge sec; puis on les expose au soleil, à l'air, afin que la moindre humidité qui aurait pu y rester s'évapore promptement. L'arbre sur lequel on expose les seaux, les pots, est situé à l'extérieur de la laiterie. Lorsque les temps sont humides, il faut avoir recours au feu : à cet effet on place, après que le lavage est exécuté, tous les ustensiles devant une cheminée.

Quand les vases sont bien secs, quel que soit le moyen employé, on les rentre à la laiterie et on les place ensuite en les renversant sur les planches.

Mais il ne suffit pas de nettoyer les vases dont on se sert journellement, il faut aussi nettoyer et laver tout ce qui tient à la laiterie.

Les planches sur lesquelles on place les vases remplis de lait ou de crème, sont toujours couvertes d'une plus ou moins grande quantité de ces matières, et lorsque celles-ci y séjournent, elles y aigrissent et développent une mauvaise odeur. Il est donc nécessaire de laver [illegible] les planche[illegible] sur les banquettes, qui deviendrait, en se décomposant, un principe invisible de fermentation et de putréfaction.

L'aire de laiterie, qu'elle soit formée de dalles ou de carreaux, doit aussi être lavée une fois tous les jours. Le lait qui tombe à terre, lorsqu'on le coule ou quand on fabrique du beurre, peut aussi s'altérer et faire cailler le lait dans les terrines. Le lavage doit être fait à grande eau et les parties tachées seront frottées avec un balai de bruyère ou de bouleau dont les brins sont usés et dont il ne reste que le trognon. Lorsque ce frottement est terminé, on lave de nouveau à grande eau, afin que le courant entraîne au dehors toutes les impuretés.

Ce lavage doit être exécuté le matin, afin que l'assèchement soit très-prompt. Lorsqu'il a lieu le soir, l'atmosphère intérieure reste humide toute la nuit et peut rendre la laiterie défavorable à la conservation du lait, de la crème et du beurre.

Enfin, il est bien nécessaire de nettoyer les murs au moins une fois l'an, c'est-à-dire, de les blanchir à la chaux dans toute leur étendue, afin que les taches de lait aigre et de moisissure, etc., disparaissent et qu'elles ne produisent aucune odeur nuisible.

Quant à la température qui doit exister intérieurement, on ne peut la connaître sans thermomètre. Elle doit être en toute saison de 10 à 12°. Lorsque durant l'été la température s'élève au-dessus de 12° centigrade, il faut ouvrir les soupiraux ou les fenêtres placées au nord, et exécuter de nombreux lavages. Lorsque durant l'hiver la température est trop basse, on ferme toutes les ouvertures, pour ne les ouvrir que vers le milieu du jour, alors que le soleil réchauffe l'atmosphère. Si, malgré ces précautions, la crême montait difficilement à la surface du lait, il faudrait établir à l'intérieur de la laiterie un calorifère, ou favoriser l'accès d'un courant d'air chaud, en évitant toutefois que le thermomètre marque au-dessus de 12 à 13°.

§ 3. *Construction de la Laiterie.*

Dans toute ferme, la laiterie doit être située près du corps de logis, afin que la fermière puisse y apporter une surveillance de tous les instants. Lorsqu'elle est éloignée de la maison d'habitation, non seulement on perd beaucoup de temps dans les travaux, mais le nettoiement des ustensiles a toujours lieu avec moins de succès, à cause de l'éloignement de la cuisine, si la laiterie ne comporte pas une pièce accessoire destinée à recevoir une chaudière.

Toutefois, il est souvent nécessaire de sacrifier le rapprochement au voisinage d'un puit, d'une fontaine, d'un cours d'eau. Ainsi il n'est pas rare de voir des exploitations où la laiterie est éloignée de la maison principale de plusieurs mètres, soit qu'elle soit isolée, soit qu'elle y soit attenante.

Quel que soit l'emplacement de la laiterie, il faut qu'elle soit exposée autant que possible au nord et au sud, et encore il est convenable que ces deux expositions soient abritées, soit par des bâtiments au nord, soit par des murs, et, au midi, par des arbres qui intercepteront d'une part les vents froids et violents, et de l'autre les rayons solaires. L'exposition de l'ouest, celle de l'est doivent être considérées comme mauvaises.

Quant au plan de la laiterie, il doit être simple et élégant, mais commode. Nous pourrions proposer une laiterie voûtée en plein ceintre : ce bâtiment serait plus majestueux, mais nous avons pensé qu'il ne répondrait pas à la fertilité du sol breton.

La laiterie que nous voulons décrire a deux pièces contigues. La première reçoit le nom de laiterie proprement dite.

Voici ses dimensions :

Longueur dans œuvre . . . . [illegible] mètres

Largeur dans œuvre. . . . . 3 mètres.
Hauteur. . . . . 3 —

La seconde est une pièce accessoire à la laiterie.
Voici ses dimensions :

Longueur dans œuvre. . . . . 3 mètres.
Largeur . . . . 3 —
Hauteur . . . . 3 —

Les murs de ces bâtiments ont 0,40 d'épaisseur.

Le mur de refend ou de séparation a 0,35 d'épaisseur.

L'aire de ces deux pièces est inclinée de manière que les eaux de lavage puissent passer de la laiterie dans la chambre de service, et de celle-ci au dehors. Ce plancher est un dallage ou en pierre schisteuse, ou en granit, ou en carreaux sur mortier, suivant les lieux. Quoiqu'il en soit, les matériaux seront posés sur un bain de mortier, et le jointement aura lieu avec un mortier hydraulique ou du ciment romain.

Les murs reposeront, si cela est possible, sur un libage de granit. Ces pierres qui formeront un véritable soubassement, ne seront point enduites lors du crépissage; parce qu'elles auront été placées en arrasement, et elles permetteront à la laitière d'exécuter le nettoiement avec facilité.

Si l'endroit où est situé la laiterie est humide, on emploiera de la chaux hydraulique pour la confection des mortiers employés dans les enduits ou ravalements intérieurs et extérieurs.

A défaut de plâtre, on peut employer, pour exécuter ces travaux à l'intérieur, du blanc en bourre (mélange de mortier de chaux et sable, et de bourre). Toutefois, nous dirons que cet enduit n'est convenable, pour l'intérieur d'une laiterie, que lorsqu'il est appliqué par des hommes spéciaux, à cause de quelques précautions qu'il exige.

Que l'enduit soit en plâtre ou en mortier de chaux et sable très fin, toujours est-il qu'il faut le badigeonner au fur et à mesure qu'il s'exécute. C'est un moyen économique de conserver les enduits.

Quant aux ouvertures, elles se composent :

1° Pour la laiterie : deux fenêtres, l'une au sud, l'autre au nord. Ces fenêtres auront 1 mètre 25 de hauteur sur 0,90 de largeur; elles seront à deux ventaux sans imposte. Enfin d'une porte à un battant large de 1 mètre sur 2 mètres de hauteur.

2° Pour la pièce accessoire : d'une fenêtre et d'une porte de mêmes dimensions que les précédents.

Ces trois fenêtres, ou, pour mieux dire, les ouvertures destinées à renouveler l'air et à procurer la lumière, seront garnies d'une toile métallique destinée à garantir l'intérieur, c'est-à-dire, à interdire l'accès aux animaux et insectes nuisibles.

Le comble du bâtiment se composera de :

1° deux arbaletriers,

2° deux pannes,

3° deux sablières,

4° une filière ou faitage,

5° trente chevrons,

et il sera recouvert d'ardoise.

L'intérieur de la laiterie sera garni d'une table qui sera placée à la partie médiane du bâtiment, et de tablettes ou rayons destinés à recevoir les vases vides. La première sera en pierre schisteuse ou en chêne de 0,10 d'épaisseur sur 1 mètre 15 de largeur; elle reposera sur des pilliers en bois ou en maçonnerie. Les secondes seront en chêne, et elles auront 0,35 de largeur sur 0,03 d'épaisseur.

L'intérieur de la chambre de service sera garni d'un évier qui permettra à l'eau de s'épancher au dehors, de quelques tablettes, d'un foyer surmonté tantôt d'une chaudière, tantôt d'un calorifère destiné à rechauffer la laiterie durant l'hiver.

Enfin, si cela est possible, on établira des robinets destinés à procurer de l'eau, et on aura dans la première pièce un réservoir au sein duquel on pourra placer, durant l'été, quelques vases remplis de lait.

FIN.

TABLE DES MATIÈRES.

FIN DE LA TABLE DES MATIÈRES.

www.ingramcontent.com/pod-product-compliance
Ingram Content Group UK Ltd.
Pitfield, Milton Keynes, MK11 3LW, UK
UKHW021116260726
13994UKWH00002B/901

9 782329 444130